# 日之器：
# 纯手工木餐具

### 手づくりする木のカトラリー

[日]西川荣明

中原农民出版社
·郑州·

## 前言

我们精选了 30 位有代表性的日本木作名匠，本书主要介绍了他们所制造的各种木餐具，如木勺子、木餐叉、木食盒、砧板、筷子等。本书内容构成如下：

### 1 300余件纯手工木餐具

本书所载的均为原创作品。在制作过程中，名匠们除了自己先试用外，还汲取了家人及客人的中肯意见，使得作品臻于完美。当然，所有的作品都是纯木制的，每年的产量也相当有限。

### 2 30位名匠的思考方式

除了作品本身，本书还介绍了这些名匠们的创作思路，及这样或那样做的理由等，便于您深刻理解各件作品。

为方便读者交流学习或者上门购买，本书载有他们的真实相貌、联系方式及店址、产品的原产地等信息。

### 3 使用场景

这些作品是用来使用的，不是挂起来欣赏的。名匠本人及家人们亲自上阵，以"在吃饭中"的场景为原型，做了很多示范。

※ 本书为2009年10月日本诚文堂新光社出版的《纯手工制作的木制餐具》一书的修订版。

## 4 制作示范

对于想制作个人专属勺子、餐叉的读者，书中专门设置了"请您亲自试一试"这一版块。名匠们耐心地逐步示范步骤，即使初学者也能很快领会。对于刀具操作技术不熟练的读者，请您注意安全。

接下来，我们来重新确认一下"木制餐具"的意思。

所谓木制餐具，一般是指木制的勺子、餐叉、餐刀等。但是，本书将"餐具"这个概念的范围稍稍放大了点，解释为"一些木制的餐桌和厨房用具"。以此来说，木制刮刀、黄油刀、筷子、筷笼、盛放黄油的小木箱、茶桶、便当盒、碗、托盘等也能被包含在这个范围之内了。

闲话少叙，让我们一起来领略手工木餐具的美好吧。

# 目录 INDEX

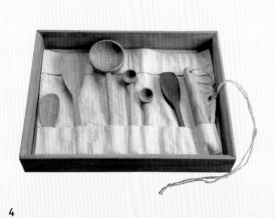

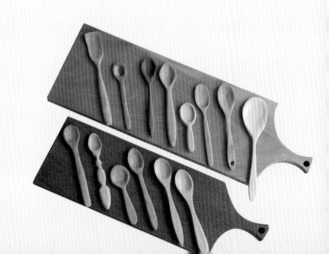

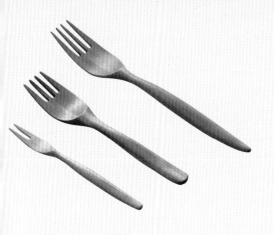

## DATA

# 第 1 章

## 勺子
Spoon

# 涂上线纹，增进食欲

## 酒井厚地的勺子

店名就是最直接的"匙屋"。刚开始制作某些器具的人，喜欢住在奥多摩的桧原村的一个小聚落里。在那里，他们并不称呼姓名，而是习惯以各自的店名来称呼。若某人经营铁匠铺，大家就叫他"锻冶屋"。制作勺子的酒井厚地先生，自然就成了"匙屋"。

数十年之后的现在，酒井厚地先生将店、家一体的匙屋，安置在国立市的住宅街里*，那里仍然残存着浓郁的武藏野气息。他制作的木勺子约有 20 种，分类很细，即使是同一款式的也被分为大号、中号、小号。

酒井厚地（sakaiatusi）
1969年出生于爱知县。在1994年之前一直在公司工作，之后开始制作小型木制品。1995年开始制作木勺，并且将他的店命名为"匙屋"。于1999年在东京都国立市设置了工作室。
＊2013年8月，酒井厚地先生将其家与工作室搬到了冈山县的濑户内市。

制勺人

"看到木勺，就能联想到今天要吃什么饭菜。能勾起人们食欲的木勺。"

这是酒井厚地先生心目中的理想木勺。

"给木勺涂以线条状纹理，会让食物变得更加好吃吧。比起笔直、细长、优雅的线条，稍微凌乱一点的线条也是可以的。它不合规矩、贪婪的形象，给人以粗野之感，好比肉食之于素食，但还不至于像嗜肉的粗鄙牛仔。"

上漆做好的木勺子，满溢和风气息。除此之外，店里还有一种传统商品"果核勺子"，食用咖喱和浓汤时很好用。它由两种材质混制而成，勺子柄仍然残存着自然风气，一半以上都是由厚刃刀切削木材而制成的。

"但它不好制作，木材原料常常会被切削过量，或者留下过深、过多的难看痕迹。非常影响创作热情。"

有时候，妻子歌代女士率直的话也很打击他。

黑豆盘。材质为银杏木。

装饰茶匙。之前没有见过搭配茶杯、茶碟的木勺，于是试着制作了它。

匙柄末端装饰：黄铜立方体、蜻蜓眼玻璃。

"匙屋"里陈列的，除了勺子，还有玻璃器皿及陶瓷器皿等。（东京·国立市的匙屋。2009年7月摄）

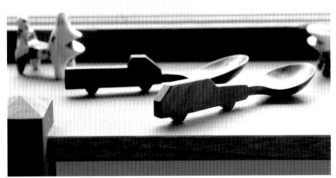
冲啊冲勺子。也供玩耍，试着以汽车、乌克丽丽琴、飞机为原型制作而成。人气亲子作品。

人之初勺子。用胡桃木和栗木制成的婴儿勺子。

如："这个做得稍微大一点儿会更好吧"，"傻傻的你能做成吗"，"你到底有没有制作勺子的干劲儿"。

酒井先生的原则是只做自己想制作的器具："我一直凭个人喜好来做东西，并不考虑花费的时间，也不去想能不能卖掉，只管先试着做做看。"

点心时间，吃杏仁豆腐的酒井厚地先生和歌代女士。

既然说要试着做了，而且也和妻子歌代女士打了赌，应该可以顺利完成吧。

"对我来说，做成的木勺能被客人自由使用就很好了，如果能帮助客人吃到美味更好。"

"它们不能算工艺品，也称不上漆艺术，算是杂货工艺吧。"他认为自己不是民间大家，不是木匠，不是造型家，不是漆器工匠。果然，"匙屋"的称呼最贴切不过了。

八角托盘和铭文勺子。

布菜匙。樱花木质，长31厘米。
（译者注：在西餐中用于盛取沙拉）

取盐小匙。银杏木质。

果核勺子制作过程。从左至右。

给勺子涂漆。

果核勺子。

在工作室里切削木材。

木架上堆积的胡桃木等木材。

# 轻薄顺手、简单流畅
# 的造型最美
## 西村延惠的汤匙

制勺人 ❷

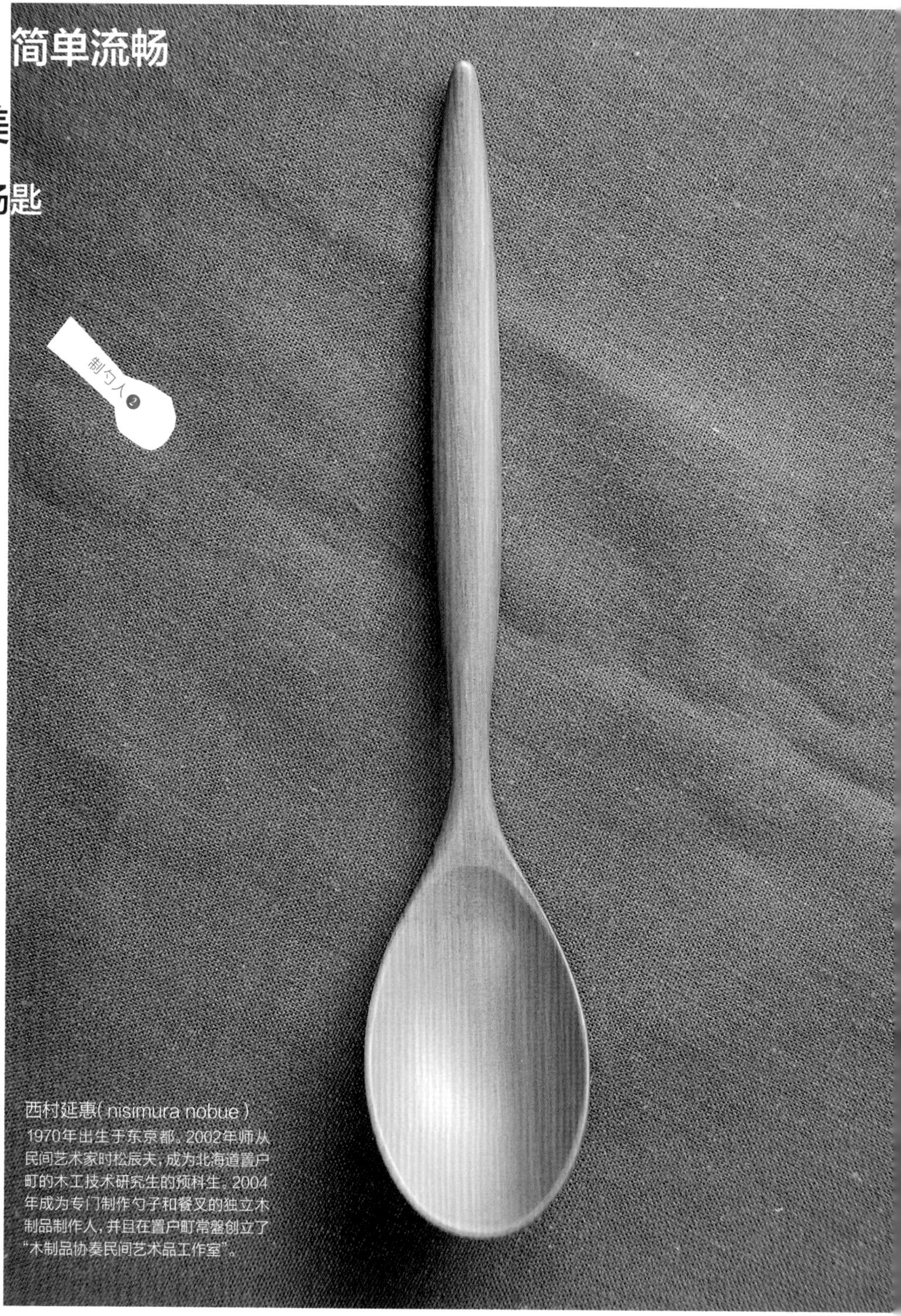

西村延惠（nisimura nobue）
1970年出生于东京都。2002年师从
民间艺术家时松辰夫，成为北海道置户
町的木工技术研究生的预科生。2004
年成为专门制作勺子和餐叉的独立木
制品制作人，并且在置户町常盤创立了
"木制品协奏民间艺术品工作室"。

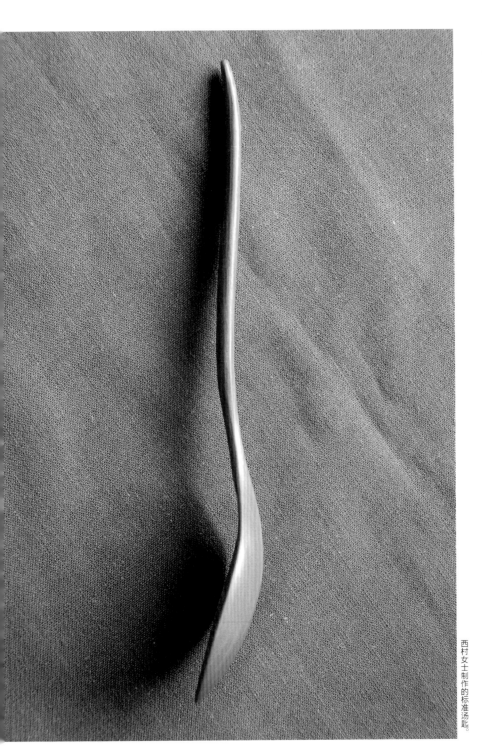

顺畅、不加任何杂念地将勺子放入嘴中，一切自然而然，好像这个动作不是人做的，而只是勺子在尽自己的职责。它不是被放在餐桌上的呆板之物，而是好像本来就在那里一样。它只是由几条简单的线条构成，没有任何耀眼的装饰。但恰恰是这种简单，让人们感到亲切。西村延惠女士所制作的这种勺子，使用起来也非常简便。

"我经常听别人说，勺子头部越薄，使用起来越简便。"

如果做得太薄，会令勺子变得纤弱，据说这样也是不可以的。这就是制作勺子的难点。

西村女士制作的标准汤匙。

煮汤豆腐用的小型木笊篱，以及各种木勺子。

在工作室里制作勺子。

在自家的日光室里干燥木材。

对于勺子的形状来说，头部的线条是关键。

"头部不漂亮、不顺畅可不行。做勺子时，首先要确定头部的圆形，然后切削与勺柄连接的颈部。同时，要注意头部底端和颈部的厚度。不要将木头切削空了，要切削得有一种很薄但是不透明的感觉。现在，只靠手的触感，我闭着眼也能切削好。因为我每年做六七千把勺子，熟能生巧。"

出生于东京的西村女士，在外资企业、八岳的山间小屋工作过后，将家搬到了北海道置户町，置户町的民间艺术品木桶远近闻名。正当她为生计发愁时，偶然间了解到当地培训木工人员的制度。

"当时我就想，木工也好，陶艺也罢，无论是什么技术，只要能制作一些东西就行。"

她师从民间艺术家时松辰夫先生，完成两年的学业后，租借了一个牧场的一角，成为一个独立的木制品制作人。大部分的民间艺术家都是在旋床上制作一些碾磨工具或者盆子，制勺子的人不多。正因如此，她显得很独特。

做的勺子，自己也爱用。

"时松老师说，勺子就应该简便、流畅、美丽，不能显得笨拙。"

现在，在木制品展览会以及北海道产品展里，都有西村女士制作的木勺子，很畅销。每把勺子大概 1000 日元（译者注：约合 50 元人民币），而专家级制作者的勺子一般卖 2000 日元，也算不错。所用木材来自北海道本地所产的桦树、樱树、地锦槭、黄榆树、槐树等。

"我理想中的勺子，是一眼看上去就很漂亮，使用者下意识地伸手抓住拿起来就用。如果强制加入了制作者的某些想法，造成使用者的不适就不好了。餐具虽然算不上主角，但也是不可或缺的。而且，它也不是装饰品。"

与那些边制作家具边制作餐具的人不同，西村女士的言语里透露出自己专业化制作的自豪与自信。

# 曲木而成，
# 出口舒服

## 富井贵志的勺子

制勺人♪

**富井贵志（tomiitakasi）**
1976年出生于新潟县。筑波大学中途退学后进入岐阜县高山市的"森林木工私塾"进行学习。2004年进入木制品及木造建筑公司。2008年辞职，成为独立的木作人。将家安在了滋贺县甲贺市信乐町，将工作室置在了京都府南山城村。

　　泥土地面的房屋里火炉正旺，盆里的水沸腾着，里面浸煮着制勺子用的木坯，排列紧密。制作者缓缓地拿出一个木坯，将勺子头部处理弯曲。

　　薄薄的材质上木纹清晰，残留着雕刻的痕迹，手感轻便——这就是富井先生的勺子。他用的是山樱木。

　　"用常规方法切削，需要的木材要厚，很浪费。我的加热弯曲处理法，就很省料。而且，制作其他木器时因开裂而废掉的木材，也可以拿来做勺子，即使原木材的宽度、长度很小也没有关系。"

　　这样做还有一个好处：可体现出勺子的原创性，独特的富井贵志风格。

　　"很久以前我就想试着制作勺子，但是始终找不到自己的风格。我一直耿耿于怀，直到掌握了加热弯曲处理技术。这样做成的勺子，从口中抽出时也非常舒服。"

富井先生亲手制作的各种勺子。

制作茶匙。

工作室是原来作为保育园而使用的建筑。

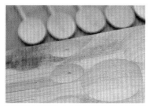

在板材上描绘的大小各异的匙模。高效地活用木材。

将自家的一间卧室布置成漆艺工作室。把壁龛当成晾干所刷油漆的温室。

切黄油的木刀和木餐叉。

勺子和餐叉的原型。
自右至左，大勺子名为
kikumai（盛米饭用），
餐叉名为tihiro saji（断
乳婴儿用），两把勺子名
为kikuchichi（舀酸奶
用），及切黄油的木刀。

kikuchichi。

左侧是朝鲜半岛自古以来使用的勺子，富
井先生作为参考。

上为未弯曲处理的扁平木材。下为处理后
的木材。

从沸水里取出匙坯，将其头部弯曲处理。

将匙坯放入沸水里浸泡。

自家房子是有约百年历史的古民居。

用餐中的一家人；富井贵志先生，妻子深雪女士以及长女千寻小朋友。餐桌上所使用的勺子和盘子，毫无疑问是自家所制。

　　富井先生所制作的勺子，原型是朝鲜半岛上自古以来使用的黄铜勺子。柄部是顺直的；舀汤的部分较浅，很扁平的样子。

　　"我曾想，用它的形状作为参考的话，将所用木材弯曲后就可以顺利地制成一把勺子了。"富井先生说道。

　　虽然在大学里所学的是应用物理专业，但自学生时代起，富井先生就梦想着成为一名木制品工艺家了，并且一直努力着。

　　"我在高等专科学校学习时，曾留学于美国的俄勒冈州。那里的一个城镇森林茂盛，树木种类繁多。我故乡新潟市的小千古周围也布满了山，小时候我就穿玩于山间，捡些木枝，计划着制作一些东西……

　　"读研究生时我中途退学，去飞弹的"森林木工私塾"学习木工技术，然后进入了以制造家具而闻名的木制品及木造建筑公司。

　　"我在公司里主要负责一些机械工作。以日用器具为媒，我有幸认识了在飞弹从事木雕的二代木工艺人小坂礼之先生，学到了很多有益的东西。我现在能有条不紊地工作，得益于当时所积累的宝贵经验。我还雕刻过佛像呢！"

　　虽然独立资历尚浅，但是富井先生的很多作品都展销于数量庞大的商店和展廊里。请他参加个人展和集团展的邀请也很多。这里的原因到底是什么呢？

　　"我想原因在于我的勺子有独特外形。从购买者的角度来看，他们首先感知到的就是形状。还有就是，是否符合当代的时代气息。制作自己想使用的东西，要耐心地去完成每个环节，这才是最重要的。"

为了手不灵便的人也能很方便地使用勺子，酒井邦芳费了很大功夫。

# 轻便易握，入口舒服，
# 手不灵便的人也能使用

## 酒井邦芳的漆制勺子

酒井邦芳（sakai kuniyosi）
1958年出生于长野县。高中毕业后师从轮岛的伊川敬三氏学习泥金画。
1984年于轮岛漆艺技术研修所完成了泥金画的课程，顺利毕业。1991年
在本校又完成了髹漆科的学业。在1995年之前一直在本校担任泥金画专
修课程的助讲师。现在在长野县盐尻市的家里自己制作木制品。

　　两把弯勺子左右对称，以擦漆工艺制成。看到它们时，我猜想制作者应该是一个天马行空又爱玩的人。但事实并非如此。

　　"曾有个客人，拜托我为他手不灵活的奶奶制作勺子。后来又有三四个客人也提出同样的请求，他们一直在苦苦寻觅合适的勺子。例如，脑中风后遗症造成右半身渐渐失去知

为手不灵活的人而制作的勺子。酒井先生说："因为是接触舌头的部分，所以在其背部花了更多的心思。"

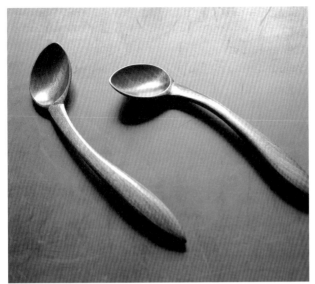

为手不灵活的人而制作的勺子。左手用（左）和右手用（右）。山樱木质。

用弧口凿对槭树木材进行加工的酒井先生。

觉后，右手会不听使唤；左手虽然勉强能动，但很僵硬，极为不便。为他们寻找合用器具的人有很多，以擦漆工艺制成的木质器具最受欢迎。

　　"对于柄的角度、柄与头的线形，我做了很多设计，一边试用一边修正。还考虑了使用者的手腕不柔韧、活动僵硬等细节。

　　"无论是使用者还是护理者，对我的勺子评价都很高，特别是易握、轻便、入口舒适这三大优点。我用的是山樱木，擦了十几次漆，入口时的顺滑感是可想而知的。为了能使嘴不能张得很大的人也能吃到食物，我把勺子的头部做得稍微尖了一点儿。在这种实用性的基础上，凭着自己的感性认知，我又试着加入了郁金香形状的元素。"

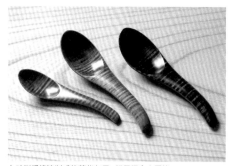

七叶树经擦漆制成的莲华勺子。轻便得令人震惊。

断奶时可以使用的勺子。只使勺子头部的内侧部分顺滑，做出倒棱，其余部分削制而成。山樱木质。擦漆处理。

栗树彩漆罩光而成的勺子。进行的填孔工作（为了填补木材的输气管和输水管，进行涂红褐色漆的工作），有长年从事漆艺工作的酒井先生的风范。

　　酒井先生出生于木曾漆器的产地栖川村，高中毕业后师从于轮岛的泥金画师。虽然20岁半就作为一名泥金画师而独立了，但他想亲历从木胎制作到作品完成的整个过程，所以又在轮岛的漆艺技术研修所学习了木胎制作和上漆技术。现今，他还在老家种植了漆树，亲自提炼漆。毫无疑问，关于漆制作品的一切，他是想要亲手完成的。

　　"对于勺子而言，最重要的就是放入口中的感觉，这种感觉其实是由舌头对勺子背面的触感决定的。其次是耐用性，上漆是最合适的。比起擦漆而言，运用彩漆罩光的工艺更合适，操作起来也相对方便，在温水里迅速洗一下就可以了。最后是设计，就是说如何将自己的感性认知在这小小的勺子里表现出来。"

　　酒井先生的成就，是他30年来精心从事漆艺和木胎制作等工作的最好奖励。他的作品不为艺术鉴赏而生，满足特定需求、不可替代才是其价值的真正所在。

由栗木制成的托盘和黄杨木擦漆勺子。

长柄勺。木材取自山樱树。特别轻！

涂制而成的印度红盛饭平勺。木材取自日本厚朴树。

栗木经漆擦而制成的平勺。

# 餐餐相伴，
# 手匙一体

## 冲原沙耶的竹制餐具

冲原沙耶（okihara saya）
1977年出生于加拿大，在东京长大。毕业于千叶大学护理专业。在经过护理工作之后，师从自然工艺品制作家长野修平氏，学习工艺品制作。在那之后，开始了她的农业和竹工艺品的制作，并且于2008年举办了个人展销会。其作品也在2010年松本的工艺品展销会上出展。

冲原女士制作的竹制餐具。上面涂抹了橄榄油。

"使用，清洗，晾干。就在这反复使用的过程中，你会越来越觉得这些餐具与手渐渐地融为一体。给人的感觉就是，其被使用最好的状态就是料理中的油分被竹子一点一点地吸收了。基本上不需要养护。"

冲原沙耶女士一边说着竹制餐具的好处，一边切削着亲手砍下的用来制作勺子、餐叉、抹铲、长勺、竹筷的孟宗竹。虽然竹子的种类有上百种，但是好像只有孟宗竹适合制作餐具。

"它纤维硬，韧性强，即使被削得很薄也能制作餐具。特别是其根部周边很厚实，可以制作头部具有相当深度的勺子。较粗的竹子也有很多，可以制作具有大个 R 形的作品。对于制作竹笼样式的编竹制品来说，孟宗竹是最合适不过的了。"

曾在大学医院担任看护师的冲原女士，在进入向成年人开放的自然体验学校的时候，就意识到了自然的绝妙之处。

布菜勺。具有厚度和重量感。深受男性欢迎。（大）长25.8厘米。（小）长16厘米。

盛汤的勺子。为了盛得更多，将勺子的头部进行加深处理。深为8毫米，长为17厘米。

制作中的竹材。

在厨房的竹筒里插满了冲原女士爱用的竹铲和竹勺等餐具。

平常使用的咖喱勺子。由于被咖喱的颜色染过，所以勺子的头部变成了黄色。

在日常生活里使用竹制餐具的冲原女士说："使用后才算初完成。"

冲原女士的家（后方的那个）和工作室（眼前）位于南阿尔卑斯山脉的山脚上，在那里可以眺望到富士山。

用剁刀分割竹材。

冲原女士将砍伐后的孟宗竹竖直地摆在工房里：“竹子自古以来就是有用材料。希望人们给竹子更多的关注。”工房名为“竹子与生活”。

　　开始憧憬田园生活。自己所食的东西也想亲手种植，所以对农业也慢慢地有了兴趣。在那之后，她辞去了医院的工作，成为担任学校讲师的工艺品制作家长野修平先生的助手，在学习的同时，一点一点地开始制作竹制餐具。

　　“我从长野先生那里接过竹子的边角料，听着‘拿着它制作点什么吧’这些话，开始了与竹子的缘分。我试着照着金属勺子的样子对竹材进行切削，不经意间竟然成功了，于是将这些作品作为礼物送给了姐姐和朋友们。既能制作自己使用的器具，又能制作让别人高兴的器具，让我觉得越来越有趣……”

　　找到了可以种东西的地方，于是她就把家搬到了这个可以眺望到富士山的山间村落里。现在每天过着种田和制作竹制餐具的日子。

　　“看护师这项工作本来就事关人的衣食住。所以首先要处理好自己的生活。现在想想，从看护师到从事农业再到将自己采伐的竹子制成餐具，这中间有一种奇妙的联系呢。”

　　这种联系，其实就是她一直注重实用性，这使得她的作品广受好评。在餐桌上的餐具里，最引人注意的是冲原女士所制作的勺子，放在手里使用时是最舒服的。

　　“我身为一名制作餐具的人，如果制作的东西不具有实用性，那也就没有前途可言了。我十分在意所制作的器具是否符合客人的需要。听到客人说他家的孩子十分喜欢我的作品，我就会倍感舒畅，因为小孩子的感触是最直接的。”

　　冲原女士话里的每个字，都洋溢着她身为一名将实用性贯穿到底的餐具制作家的自豪感。

# 秉承井波木雕
# 传统技艺
## 田中孝明的勺子

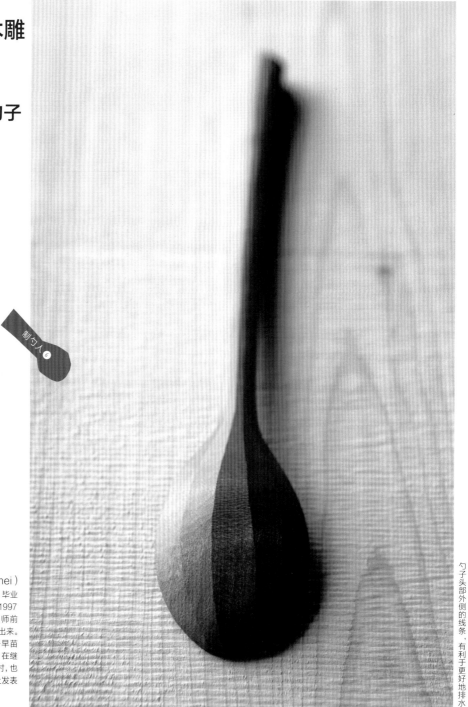

制勺人 6

田中孝明（tanaka koumei）
1978年生于广岛。木雕刻师。毕业
于富山县立高冈工艺学校。1997
年师从富山县井波的木雕刻师前
川正治氏学习。2006年，独立出来。
2008年与身为漆艺家的妻子早苗
女士共同成立"点亮"工作室。在继
承井波雕刻的传统技艺的同时，也
在现代作品、个人展、集体展上发表
作品。

勺子头部外侧的线条，有利于更好地排水。

位于富山县内陆地区的井波（现在的南砺市），因"井波雕刻"而闻名。井波原来作为名刹瑞泉寺的"门前町"（日本寺院、神社门前形成的市区）而备受荣恩。在 18 世纪的宝历、安永年间，要重建寺庙，很多御用木工从京都被派了过来，井波当地的木工学习了他们的技术，渐渐闻名天下。从社寺佛龛、日式建筑的楣窗，到狮子头、五月人偶，全国的订单应接不暇。

比起全盛时期，虽然现在的订单有所减少，但井波依然约 200 个雕刻师。有的雕刻狮子头，有的雕刻庙会用的彩车，也有具有职员气息的人作为日展作家（日本美术展览会艺术工作者）而存在着，他们秉承着 200 多年的传统。

田中孝明先生高中毕业后，师从井波的木雕刻师及日展作家前川正治氏进行学习。也曾经雕刻过传统的楣窗、狮子头，即使只做这两样，在井波雕刻中也是很有前途的。

用弧口凿加工勺子的头部。

呈雏形状态的木材。接下来，要用弧口凿等工具进行加工。

女儿节人偶。樟木制成。在端午节之前有很多五月人偶的订单。田中先生每天除了要制作人偶和餐具，其他的订单也有很多。

用平凿处理勺子的背面。

田中先生用各种各样的雕刻刀对木材进行切削而制成的勺子、餐叉、黄油刀等餐具。

黄油刀。单刃。长16厘米。

田中孝明先生。

但他涉猎较广，作品也融合了一些现代元素。这从他取材于孩子的系列餐具，以及在泰国获得灵感而制成的作品中都可以看出。但在井波做勺子的，只有他一人。

"第一次做勺子的契机很偶然，那时我刚刚开始独立制作东西，得到了一块木琴上的木材，就尝试着雕刻了'自用''孩子用'及'甜点用'等系列的家用勺子。"

后来在一次集体展出时，我把它们和其他木雕作品摆在了一起，没想到得到了很高的评价。

田中先生的勺子，让人不禁感慨：井波雕刻师的水平就是不同凡响。用凿子等加工出来的线条力量感十足，与樱木的柔美形态反差鲜明。勺子头部是用较浅的弧口凿精细加工的，基本上看不到刻痕。

这些都是井波雕刻传统技艺的具体体现。"雕刻勺子时我只想着线条。在井波，有'穿过凿刀'的说法，意思是要留下一条顺滑无断痕的线，我想在勺子背面留下这样的一条线。"

这条线可不简单，它可以高效地排水。将勺子洗完后竖放，水就会顺着线条流下去。这和寺庙里柱子上刨刀留下的线条有异曲同工之妙。

看来，井波雕刻传统技法成就的勺子，也很有存在感。

用父亲雕刻而成的勺子喝酸奶的长男小开。

儿童勺子（左边两把，长16.8厘米）和幼儿勺子（右边两把，长15厘米）。经蜂蜡涂制而成。

用木制勺子喝酸奶的长女小夏（右）和长男小开。

# 乡村风格，
# 自由自在

## 久保田芳弘的勺子

久保田芳弘( kubota yosihiro )
1982年出生于岐阜县。大约20岁的时候，进入了乡土艺术品制作家久保田坚的工作室。在制作箱子、椅子等器具的同时，也制作一些餐具和日用器具。时常举办个人的以及父亲两人的展览。

经过雕琢和独特设计的餐具。久保田芳弘的初期作品，材质以栎木为主，还有桦木和檀木等。

汤匙和餐叉充满童趣。可想而知，制作者应有一颗不拘无束的心。尽管从形状上来看，它们完全无视实用性，但却很有趣，让人越看越愉悦。

"开始时，我抛开有关勺子的即有概念，信马由缰顺着自己的思路来，只是想着将自己脑中所勾画的设计全都雕刻出来。"

久保田芳弘先生首次制作汤匙，大概是在28岁的时候。在那之前，他都是制作一些椅子、匣子之类的器具。说起契机也很偶然的。朋友因古玩店还有一些空位，就问他要不要展示一些自己的作品。于是芳弘先生就冒出了举办"200把汤匙展"的想法。制作200把汤匙是他给自己定的目标。接下来，他找来栎木边角料，忘我地雕刻起来。准备时间为2个月。

把各种各样的想法与设计都体现出来，虽然怀着这样的念头，但是做出来的只是柄部具有螺丝花纹的餐具。长度约为15厘米。

在工作室里制作勺子的久保田芳弘先生。

最近开始制作的设计简单的勺子。左边的材质为樱桃木，长16.5厘米。其余的材质为核桃木，长为20.5厘米。

栎木材质的餐叉。柄部刻上了点缀。

咖啡豆计量器。

在家里一直使用的都是久保田先生自己制作的餐具。有时妻子里枝女士会有"做得再深一点使用起来会更方便"之类的建议。

可做出来后他发现，成品跟构思的设计方案都不一样。

父亲久保田坚，是日本屈指可数的亲手制作乡村风格木作的艺术家。乡村风格木作，指的是欧洲以前的农民们制作的自用朴素家具，这些家具上大多雕刻着以花鸟为主题的图案。虽然 20 岁时就已经到父亲的工作室里工作了，但他却从没有像父亲那样在家具上雕刻过。

勺子本身小，在上面随便雕上花朵或者几何图案就会很显眼，而且也属于乡村风格木作。这是在父亲身边耳濡目染的结果。

渐渐地，芳弘先生也开始考虑勺子的舒适感和实用性。从盛咖啡豆的勺子到做料理时用的小勺子，大小都恰到好处，无不让人感到合用又快乐。近段时间，考虑到使用的方便性，他又开始琢磨着做些简洁点的器具："比起考究的物品，设计简单的物品的拥趸也很多。"

"但是，好玩的特性不能丢。在很多场合，风格迥异的设计更跳脱。有时会有人问我'这把勺子有啥用'之类的问题，我也不知道答案，大家最好按照自己的理解去使用。"

这些独特的勺子一上餐桌，气氛立即活跃起来，人们会寻思到底该如何用它们。其实，这种探索本身就是一种乐趣。在平平淡淡的生活中，这种勺子带来了满满的幸福感，挺不错。

# 以北海道之木制成的勺子

## 佐藤佳成的木勺子

佐藤佳成（satoo yosinari）
1968年出生于埼玉县，成长于神奈川县。在运输公司工作后，于1995年成为北海道置户町木工技术研修生。经过3年的学习后自立门户，现在在置户町雄胜开设了"有一个工作室"工坊。

召咖啡豆的佐藤佳成先生。

佐藤佳成先生制作的3类勺子。

材质有栎木、胡桃木、桦木、槐木、樱木、榆木等。因为都是佐藤先生住处旁边生长的树木，所以取材很方便。不同的树木有不同的纹理。大勺子，长为8.5厘米，头部直径为5厘米。中号勺子，长为8厘米，头部直径为4.5厘米。小勺子，长为7.5厘米，头部直径为4厘米。

　　咖啡豆也好，红茶也好，砂糖或者盐等调味料也好，都适合用这种量勺。佐藤先生制作的勺子让我们的下午茶和料理时间变得快乐起来。他做的量勺大致有3种：底部稍微突出的，勺柄为棒球棒形状的，勺面稍稍凹陷的。

　　"客人想要能站在桌面上的量勺，我就试着制作了。"那时，佐藤佳成先生完成了北海道置户町的木桶民间艺术品的研修，刚刚自立门户。

　　"我想制作原创的作品，而不是寻常的盛具。只要能充分利用木材的特点，即使用身边的木材也能达成目标。"经过在回转工具上的反复试验，终于制作成功，然后他在上面涂了用蜜蜡和胡桃油混合调制的像漆一类的东西。

　　"我一直想象着我做的勺子舀东西、被清洗并整理的画面。客人因使用我制作的汤匙而高兴的话，制作时我也会更愉快。"

# 似融于瓶中咖啡豆里的勺子

## 前田充的咖啡量勺

前田充( maeda mituru )
1969年出生于东京。在类似于"你喜欢的木制品"等家具制作公司从事设计和家具制作的工作之后,自立门户。在2008年,开设了"纯手工制作"工坊。

玻璃瓶中的咖啡勺。

咖啡计量勺子。材质为山胡桃木(中)和樱桃木。长为12厘米,头部直径为4.8厘米。

舀咖啡豆的前田充先生。

"有一天,我发现身边的玻璃制品有很多,而配套的木作却很少。"非常喜欢喝咖啡的前田充先生,就这样开始制作舀咖啡豆的勺子。

"偶尔制作一下勺子之类的东西也很有趣,很容易彰显自己的个性。在制作时,我是以毫米为单位精心修制的。"前田先生的制作风格一直是简单实用,不过分张扬。工坊的名字也是一样,传达了简单易理解的"纯手工制作"理念。

"日常生活中,我们习以为常却有待发掘的东西,总是有很多。例如舀咖啡豆的勺子,例如勺子好像融化在咖啡豆中的那种微妙情愫。"

对于爱好咖啡的人来说,这种勺子并不起眼。但当某一天你突然发现咖啡豆的油脂已经渐渐浸染于勺子里时,会产生一种无以言表的美妙感。

木作名匠们制作的

# 各种勺子及其他

## 难波行秀的儿童勺子

2岁以后开始使用。材质为山胡桃木。长为13.5厘米。

## 难波行秀的婴儿勺子

自断奶日起至2岁的婴儿适用。父母喂孩子吃饭的勺子。枫木质（下）、胡桃木质（握手很粗）。长为15厘米。

## 难波行秀的勺子

头部较细，有滑入口中的感觉。左起第二柄的材质是胡桃木，其他的材质为樱桃木。长为19厘米。

## 富山孝一的勺子

在发挥想象力的同时擦漆而成的勺子。令人感到快乐和独特的样式。材质为栗木、胡桃木、槐木等。

## 川端健夫的勺子

从左开始依次是咖喱勺子、汤勺、酸奶勺子、搅拌勺子、茶匙、方糖勺子、婴儿勺子、儿童勺子。

**荻原英二的勺子和餐叉**

从左开始依次是甜点勺子、茶匙、涂漆勺子（2柄）、甜点餐叉、甜点勺子、迷你勺子、芝麻勺子和点心木刀。

**荻原英二的勺子和研磨杵**

从左开始依次是茶匙、分餐勺子（大）、锅内用勺子、蜂蜜勺子（大）、蜂蜜勺子（小）、分餐勺子（小）、研磨杵。

**加藤慎辅的方头勺子**

对于刮出粘在瓶子上的酱或者蜂蜜非常实用。（上）栗木擦漆而成。（下）厚朴木擦橄榄油制成。长为19厘米。

**大门严的勺子**

长为15厘米。材质从左开始依次是鸟眼花纹枫木、马前木、胡桃木、蕾丝木、枫木、樱木、硬枫木。

**臼田健二的大号沙拉匙与叉**

材质为胡桃木。

**山本美文的留有制作痕迹的山樱木勺子**

长为19.5厘米。61页有餐叉。

**日高英夫的勺子**

从左开始依次是茶匙、快餐勺子、婴儿勺子、酸奶勺子、汤匙、晚餐勺子、儿童勺子。材质为桦木。

41

# 勺子

**by 山极博史**

身为设计家和木作名匠的山极博史先生，在有机餐馆"溪谷·金色"（位于兵库县西宫市）召开了勺子制作讲习会。

当天有 16 人参加了此活动。大家都迎接了首次制作勺子的挑战。制作成的勺子各种各样，有的柄部弯弯曲曲，有的是超大的冰激凌勺子，还有的是小茶匙，各自展示着其独特的个性。

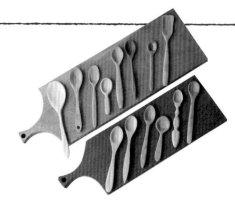

**材料**

根据参与者们的喜好，这次指定了3种木材。厚度为8~10毫米。有樱桃木（图下方最左边位置）、胡桃木（从左数第2个）、日本扁柏木（从左数第3个）。

**工具**

| | |
|---|---|
| 小刀 | 橡皮 |
| 美工刀 | 核桃仁 |
| 雕刻刀 | 布头 |
| 铁锤 | 砂纸（120#、180#、240#、 |
| 铅笔 | 320#、400#） |

**1** 选择木材。这次讲习会准备了3种木材：对于初学者来说较软易刻的日本扁柏木，漂亮的红色樱桃木，深色的胡桃木。樱桃木和胡桃木较硬，雕刻起来稍费时间。

**2** 用铅笔在所选的木材上勾勒出自己想要制作的勺子的样子。

**3** 在木材两边勾画出勺子柄部的样子。

**4** 用小刀削出勺子的形状。用拇指按住一端，细心地削另一端。如果碰到木材的戗碴儿，就将木材倒过来慢慢削。

**5** 对勺柄进行圆柱形加工的时候，要一点一点地切削棱角的部分。

**6** 感觉制作出了勺子大致形状的时候，就可以用雕刻刀进行勺子头部的制作了。在雕刻之前最好画出头部的大致轮廓线，这样雕刻起来比较方便。像使用铅笔那样使用雕刻刀，一点一点地雕刻。

**7** 勺子的大致形状雕刻成形后，就可以用砂纸进行处理了。首先用较粗糙的120#进行摩擦，接着依次使用180#、240#、320#、400#摩擦。尝试只用手拿着砂纸进行摩擦、将砂纸绕在木块上后对木材进行摩擦、将木材放在砂纸上进行摩擦等多种加工方法。

**8** 最后用180#砂纸对勺子表面显眼的凹凸处进行处理，使之平滑。

10 取涂装油。用布头包住胡桃仁，放砧板上砸出油。

11 把胡桃油均匀地涂抹在勺子上。

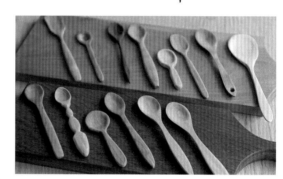

完 成

讲习会的参与者们所制作的各种充满个性的勺子。

9 用400#的砂纸进行抛光处理后就可以看出木材的花纹了。

## 这里是重点

## 不要只注重一点！而是要把握整体的平衡进行制作

一 无论是对木材进行切削还是摩擦处理，不要单纯地只靠眼睛，要用手一点点地感觉着来加工。也可以将木屑去掉后，把勺子放到嘴里试试感觉后再修改加工。

二 在制作勺子头部时，注意不要把力量集中在某一点，否则会出现洞，导致整体制作的失败。就是说，要注意制作时对整体的平衡把握。

三 像使用铅笔那样使用小刀，一点一点地雕刻，进行做薄处理，不要滥用力气。

四 注意不要把刀头对着自己，不要伤了手指。

"木材硬的地方和软的地方差别很大，雕刻起来很费劲。再把勺子的柄部加细处理一下会更好吧。但是也很高兴。下次还想试着做做。"

"在家里使用的一直是木勺子，所以自己就试着制作一下。我觉得即使是碰到盘子也没有噪声的勺子才是好的。我决定从今以后就只使用我今天自己制作的勺子了。"

"本来想制作成更加漂亮的对称形状来着，但是做到了这步之后觉得很有感觉了。好像生出了不舍之情。在家里我也想试着做做。"

用自己制作的勺子来喝浓羹，充满了成就感和满足感。

柄部独特的勺子

用日本扁柏制作的茶匙

"虽然做得有点歪曲，但是因为是自己努力制作的，所以感觉它们很可爱。"

被用来喝浓羹后的勺子。

45

# 用活樱木来制作汤匙

讲师：久津轮雅 岐阜县立森林文化协会讲师（生材协会顾问）

地点：岐阜县立森林文化协会

新林生材制作，是将还没有干燥的木材（green wood）制成椅子、碗等工具，源自欧洲。可以说，日本制作的木勺子完全属于新林生材制作。进行木工制作都会使用绝对干燥的木材，但是新林生材制作却使用加工起来更加方便的生材。这之中还有一种不用机器、纯手工制作的乐趣，且使用的都是路旁或者公园内修剪树木时舍弃的木材。

1 这里的木材为山樱木，直径为25厘米，长60厘米。

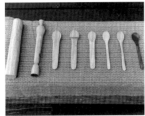

**2** 首先由讲师久津轮雅先生讲解制作步骤。

**3** 将圆柱木劈开。用木槌敲打嵌入木材横断面的楔子。

**4** 将被分成两半的木材进行均分。再进行均分，取原木材的八分之一备用。

**5** 将备用木材分开，取30厘米备用。

**6** 用老虎钳（带有直角柄的劈刀）把树皮去掉。

**7** 把斧子切入木材成锐角的部分，用斧子砍下多余的角。

**8** 在横断面上画出直径为5厘米的圆。

**9** 将木材固定在切削马上，用铁刀片对木材进行切削加工。认认真真，一点一点地进行。要注意不要松劲，把木材固定好。

"很容易削！
我很喜欢用铁片刀来削。
这种感觉很好。"

**10** 在圆柱木材的头部（两侧）中心位置各挖一个约5毫米大的洞，涂上油。

**11** 在脚踏回转工具上用浅凿子对木材进行分段处理，把脚放上去不停地踩，不断地加多回转数。

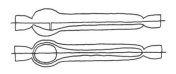

（上）在木胎上的勺子的横剖面图。
（下）在木胎上的勺子的俯瞰图。

**12** 如果要切削圆柱的形状，要事先标记勺子的位置。照着标记再进行加工。

**13** 锯掉木材的两端，用老虎钳一分为二。

「切削处理真的很棒……」
「很有趣！只用人力就可以进行。」
「脚好累啊！」

**14** 将木材固定在切削马上，用铁片刀将剖片刮平。

**15** 将勺子的头部凹陷靠近柄部的部分，锯出标记线条。

**16** 用铁片刀切削柄部。

**17** 将木材固定在老虎钳上，用南京刨成一条线似的进行切削加工。要注意左右的对称。

"将左右两边弄成同样的形状特别难。感觉这边削多了，然后就把另一面再多削一点，结果失去了平衡……"

**18** 用雕刻刀加工勺子头部。

"边缘的部分要一点点地细心雕刻与切削，这样会使入口感觉非常好。"久津轮雅先生这样建议道。

**完 成** 用砂纸加工后就制作成功了。

"刀具削木材时发出的嗖嗖声，让人有一种无以言表的快感……"

"勺子头部的凹陷越深越好，但是亲自制作之后发现，做浅了也没有什么不好。"

"将圆圆胖胖的樱木，制作成如此可爱的勺子，我感到很快乐。"

"给勺子涂上漆后就算完成了。我打算一直使用下去。"

勺子制作完成后，大家很有成就感。

用爸爸制作的勺子吃刨冰。

# 第2章

## 餐叉
Fork

# 博采众议，制出实用又
# 美观的餐叉
## 难波行秀的意面餐叉

带有边缘感的线条，平缓而又流畅的 R 形，尖锐性和微圆性巧妙地结合在了一起。无论是正看还是翻转来看，怎么看都会觉得这餐叉在工艺上没有半点的瑕疵，让人感觉到木制品制作家是怀着虔诚的心来制作的。

虽说如此，一眼看上去很漂亮的餐叉确实也没有什么可大惊小怪的。作为工具，实用性和简便操作性才是评价其好坏的重点。

用这个餐叉试着吃意大利面。开始用餐叉卷起意大利面时，承受重量的手指慢慢转动餐叉，很顺利地就卷起了意大

难波行秀（nannpa yukihide）
1970年出生于兵库县。在福知山高等专科学校学习木工基本技术。经过在木工所和精细木工师等处学习后自立门户。2007年，开设了"丹波坝镇木材工作"工坊。

从左至右：餐叉的改良历程。最右边的是最新作品。最左端餐叉的材质为枫木，最右边和中间的材质为胡桃木，其他的材质为樱木。长为18.5~19厘米。

Fork

利面，和用螺丝刀扭转螺丝的感觉是一样的。放入口中时，感觉刺溜一下面条就被吸入口中了。

"经过多次的改良才形成了现在的这种样式。我想，坚持原创设计的同时兼顾使用时的便利性会更好，如使用时的触感和含在口中时的感觉……"

难波行秀先生在技术专科学校学习之后，曾在木工所制作过家具，在山里面伐过树木，还曾师从精细木工师学习过。之后于 20 岁后半段时，作为木工家具的制作者而自立门户。主要制作椅子和桌子，但是从前几年也开始制作木制餐具了。

"开始的时候自己先进行设计的工作，那时有点自以为是。被说所制作的勺子的柄部太宽大的也有，退货的情况也曾经出现过。自那以后我就开始倾听顾客率直的使用建议了，参考他们的感想和建议来调整勺子的厚度和大小。"

现在他认为最基本的是要先试着做做，自己试用一下再进行适当的修改。这时要静下心来，决定要制作的器具的最终样式。

迷你餐叉。材质从左至右依次为枫木、樱桃木、胡桃木和黑檀木。长为12厘米。

无论从哪个角度看都没有瑕疵的意面餐叉。

迷你餐叉。

初期作品（左）和最新作品。柄部形状的差别很明显。

难波行秀先生在作坊中制作餐叉。

用机器切割。

用刀削。

难波行秀的木制餐具。

磨制后制作完成。

"无论是椅子还是餐叉，试着制作首个作品时最有意思。制作的过程中会不断冒出'这样制作会更好吧'之类的想法。"

人们认为对于木制餐具要强调入口时的感觉，但据说从制作者的立场来看，制作成具有厚度且有立体感的样式后更加吸引人。就算是小小的餐叉，在精心设计、制作、表现的过程中也蕴含着很多趣味。这些我们也能从难波先生所意识到的北欧设计理念中看出来。

"丹麦的维格纳和佛尹·尤禄所设计的椅子对我的影响很大。例如凸显 R 形之美的方法等。当然也受到了我自己制作的木制餐具的影响吧。"考虑到实际使用情况，餐叉的边缘部分被设计得稍微显眼了些。当然，也有一些为了好玩一点的初衷。区别于只是简单留些凿痕的设计，倾心于北欧设计风格但又有鲜明独创性，才是难波先生作品的趣味所在。

用爸爸制作的儿童餐叉吃意大利面的妙衣小朋友。

制作意大利面的难波行秀先生。自从开始制作意面餐叉后，为了亲自试用成品，就慢慢地会做意大利面了。

因为角度和厚度设计得当，餐叉能很轻易地卷起意大利面。

在自家庭院中吃午饭的一家人。从右至左依次为难波先生、长女妙衣小朋友和妻子千登世女士。

儿童餐叉和意大利面。

意面餐叉和难波先生制作的培根蛋面。

川端健夫的甜点餐叉

实现了「切」与「插」
的平衡之美

制叉人 2

Fork

右起至上页：婴儿餐叉（枫木）甜点餐叉2把（枫木）午餐叉2把（樱桃木）意面餐叉（樱桃木）。

做木餐具的契机是长男一树的出生。

"一树是在家里出生的，为他接生的是助产师。刚接生下来，助产师就说让他喝果子露，之前就听她对我妻子说过。""既然你丈夫是木工，为什么不试着制作几柄木制勺子给孩子用呢？那样会更好的。"于是我就制作了几柄木勺子供孩子喝果子露。"

"我刚制作的东西就被家里的新成员所使用，感觉心里出现了会喊出来的那种幸福感和平和感。像这样的感觉，真好。"川端健夫先生说。

作为木匠自立门户之后，他以家具制作为主。但是，为了自己和家人所制作的东西一件也没有。

"在此之前我一直想要制作拥有美丽形状的用具。孩子出生之后，我渐渐冒出了想要制作能让我们一家人一直使用的器具的想法。"

盛在栎木盘子里的"甜橙果子挞"和甜点餐叉。

用甜点餐叉插起甜橙果子挞。

用反复试验制作而成的甜点餐叉切甜橙果子挞。

用胡桃木制作而成的托盘。

从左至右依次为咖喱勺子、普通勺子、酸奶勺子、搅拌勺子、茶匙、糖勺子、婴儿勺子和儿童勺子。

研究餐叉的川端健夫先生。

工作时间小憩的川端夫妇俩。在"倾心甜品"店里。

与其说想要制作拥有漂亮外观的器具，不如说想要制作令人使用起来心情愉悦的用具。

在制作家具的同时，他慢慢地开始制作勺子、餐叉和托盘之类的器具。到现在，制作餐具成了主业。

"制作勺子轻松快乐，制作餐叉却很费神。确实，餐叉头部位置制作得越精细使用起来越方便，清洗起来也越简单。但是问题就出现在细度和强度的矛盾上。"

川端先生的工坊改造自一个养蚕作坊。妻子美爱女士在家里开了一个名为倾心甜品的糕点店。经过反复的试验制作，川端先生终于成功制作出了适合客人使用的餐具。但是辛辣的批评家美爱女士对此餐具一直没有肯定过："不能切甜品不行，不能将甜品插起来也不行。这是一个很大的命题。将餐叉制作成餐刀样式的话，确实可以切割甜品，但是感觉就像是用刀子在切一样，反而会失去吃的氛围，这样制作是不合适的。"

经过反复试验制作的甜品餐叉，尖端刺插餐品很方便，侧面给人的感觉也很好。手所持的部分到尖端部分的线条呈顺滑的 R 形是这柄餐叉的特征，入口时的感觉也很好，材质为较为坚硬的枫木。终于得到了美爱女士的肯定，放到甜品店里使用。

"为了实现切和插的平衡，我费了很大的力气，终于制作成了连未经烤制的柚子夹心蛋卷都可以成功切开的餐叉。"川端先生一边说着，一边很享受地吃着美爱女士所制作的甜橙果子挞。

# 各种餐叉

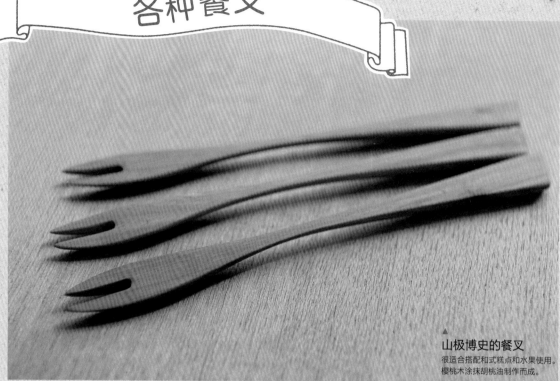

**山极博史的餐叉**

很适合搭配和式糕点和水果使用。
樱桃木涂抹胡桃油制作而成。

**西村延惠的餐叉**

材质为桦木。和第14页的勺子一样，比较薄。大号长20厘米，中号长16厘米，小号长13厘米。

**玉元利幸的餐叉**

作者居住在冲绳县的东村，餐叉由冲绳县自产的厚皮香木制作而成。所带的红色感觉很漂亮。长为19.3厘米。

**日高英夫的餐叉**

（左）晚餐餐叉（桦木）、（右上）甜点餐叉（桦木）、（右下）儿童餐叉（桦木）。

**酒井邦芳的黄杨木擦漆餐叉**

黄杨木质地坚硬顺滑，即使很细也不易折断，适宜制作餐叉。

**山本美文的留有切削痕迹的**
**山樱木餐叉**

长为19.5厘米。和第41页左下角的勺子是成一套的。

各 种 餐 叉

# 餐叉

## by 川端健夫

餐叉的叉尖形状各异,大都比较精巧,许多人认为"勺子大致削一削就能出现大致的轮廓,但餐叉做起来实在太难了"。

木作名匠川端健夫先生特意将餐叉的制作工艺介绍给大家。只要一步步照着做,就可以得到一把专属自己的餐叉。

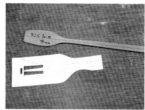

川端先生制作商品时的"餐叉模型"。

餐叉 长为18.5厘米,最大宽度为2.5厘米。

**材料**
樱桃木。比成品尺寸稍大一些。图中的材料长32厘米、宽4.5厘米、厚1.5厘米。

**工具**
锯子
凿子
雕刻刀
长柄刀
铁工锉刀
铅笔
圆珠笔
夹钳
钢丝锯
抛光机

砂纸(80#、120#、240#、400#)
布头
纸巾
**照片上没有的工具**
油(使用的是川端先生用蜜蜡和芝麻油混制而成的油。用橄榄油或者胡桃油也可以)

1 把模型放在木材上,顺着木纹用铅笔描线,画出大概轮廓。川端先生使用的是自己的模型,大家也可以选用或者自己画出喜欢的餐叉样式。这时候不要忘记在测量出的餐叉尖端的中间部分做上小标记以利于把握餐叉的整体平衡。

2 将木材固定在夹钳上,用锯子和钢丝锯切割出餐叉的轮廓。

3 用砂纸磨边,制作出大概形状。

4 用夹钳固定住木材,把锯子竖起来切下餐叉尖端多余的部分。要在看着木材正侧面的同时顺直地切割。

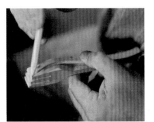

5 用铅笔描出餐叉的侧面线条。川端先生是用模型比着画的,直接画也可以。

6 将木材固定在夹钳上,切除餐叉侧面多余的部分。为固定牢固,可以在木材下面垫上小木片。

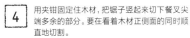

7 用钢丝锯加工出餐叉的尖端部分。木材有点厚，切割起来稍有难度。

初步制作出的餐叉。接下来进行"削"的部分。

8 用刀子稍稍规范一下形状。从内侧开始削，决定出里面的形状，以此为基础进行整体的加工，然后制作出美丽的餐叉。

9 内侧的形状制作完成后用砂纸磨，使之平滑。

10 以内侧为基准，进行设计的再次修整。用铅笔画出餐叉表面的线条。

11 用凿子像制作勺子头部那样进行加工。

---

这 里 是 重 点

## 首先要将内侧制作清洁好！

一 先调整内侧形状，以内侧面为基础进行表面的加工。

二 不要嫌重复的夹钳操作麻烦，一点一点地进行。如果固定不稳，加工起来会很麻烦，这时要适当地加上木片加以固定。

三 不要将注意力集中在一点上，要把握着餐叉的整体平衡来进行制作。

12 在餐叉底部垫上木片，将其固定在夹钳上，用锉刀进行餐叉尖端分段处的加工。注意锉刀型号的区分。

13 用凿子修整表面。

14 用砂纸进行"磨"的步骤。

15 用砂纸磨。从粗砂纸开始，按照80#、120#、240#的顺序进行磨制。要在把握整体的基础上，先进行内侧的加工。

16 用240#砂纸磨制餐叉尖端分段处的内面。表面也要磨制。手持部分倒棱处的角也要磨掉。

17 用湿透的布擦拭后，再用400#的砂纸快速磨制。

18 涂上油。

19 最后用纸巾擦去多余油脂。

完 成

65

# 第3章

# 木铲、木刀

Butter knife
Hera
Shamoji

## 粗柄好盛饭，木铲边缘和圆弧线条巧妙地融为一体

### 日高英夫的木铲

日高英夫（hidaka hideo）
1956年出生于山口县。在名古屋和松本的吉他制作公司辞职后，到松本技术专门学校去学习家具制作技术。1985年自立门户之后在长野县四贺村（现在的松本市）开设了工坊。2010年将工坊搬到了长野县佐久市。

　　用日高先生制作的木铲轻轻搅拌刚刚焖好的米饭，然后把饭盛到碗里。栎木的质朴感与较粗柄部的触感交融在一起，相辅相成，握起时能感到一种很强烈的回应感，给人以米饭咬住木铲的感觉。哎呀，一不小心就盛多了。

　　虽然日高英夫先生在大学时学的是机械，但毕业后却去了吉他制作公司。之后，因为想制作自己日常使用的器具，他就去了松本技术专门学校学习木工技术。自立门户后，他去了信州的山间，开设了制作家具的工坊。

桦木勺子。由于制作家具时主要用桦木，所以用桦木制作的勺子也很多。"桦木坚硬且致密，能做得较为锋利。"日高先生说。

左边的两柄是试做品，家里一直在使用。
砧板上的是新做的。

"我很喜欢夏克式家具（即 Shker furniture，风格质朴简洁，译者注），因为它们能让人感觉到制作者的诚心。这种风格，和我心目中的家具风格很接近。"

自立门户后，他一直忙着接订单做器具，长女出生后，他试着制作了儿童勺子。从此，他就开始了木餐具制作之路。"做家具时，会剩下很多无用的边角料。于是我就想，能否用它们做一些勺子、托盘之类的东西。因为做餐具很快乐，也很有趣，不用像做家具时那样紧张。"

大约 4 年前，日高先生开始制作木铲。第一次试做时失败了。后来有一天，妻子雅惠女士不小心把木饭铲弄进了水槽的另一边，拿不出来了。于是日高先生赶紧做了一把，竟然成功了。

"第一次时用力过大，这次我将肩部的力量稍微卸下了一点。就连对我的作品一向严苛要求的妻子，对这把铲子也很满意……"

现在，桦木和枥木木质的木饭铲成了人气商品。在很多人眼里，木饭铲似乎都是一样的，但在设计上稍作改动后，其外表和触感就会有差别。日高先生的木饭铲尤其明显。

饭铲的柄部和头部的连接处，有专门设计的延展线条；而且，铲柄为较宽的椭圆体，很容易握住。木饭铲上面涂抹了由亚麻籽油和桐油混制而成的植物油，更凸显了木材的质感。

日高先生在信州山间里的作坊（松本市的旧工坊，拍摄于2009年7月）。

将木材固定在"削马"上，用铁片刀削出勺子的基本形态。

日高先生在厨房。

盛饭的雅惠女士。

日高先生所制作的饭铲，给人一种饭粒紧紧咬住饭铲的感觉。

除了饭铲之外，日高先生的作品也涉及勺子、餐叉等多种餐具。

# 给手带来舒适感的
# 微妙 R 形

## 老泉步的炒菜木铲

"握着木铲时的触感很重要。削得过多会令人不放心；倒棱没有处理干净的话，客人使用时会碰伤手，会很疼的……"在被询问制作炒菜木铲的要点时，老泉步女士这样说道。

"木铲线条笔直的话，会给人一种僵硬感。要根据木铲的用途，制作柔软而美丽的 R 形。制作时，要注意方法，把握好整体的平衡。"

用北海道自产的鱼鳞杉木制作的炒菜木铲，确实有一种独特而微妙的 R 形，握在手里很舒适。木铲头部的扁平度恰到好处，在煎盘上炒菜时能很好地翻菜，很好用。

老泉步（ooizumi mayumi）
1962年出生于岐阜县。在雕金相关的公司工作之后，于2001年做了北海道置户町的木工技术研修生，师从工艺品制作家时松辰夫先生。2003年自立门户之后，在置户町胜山开设了名为"画雕木兰"的工作间。

鱼鳞云杉制作的炒菜木铲。左边两柄适合左撇子用。其余三柄适合右手用，长度从上边开始依次为大号30厘米、中号27厘米、小号25厘米。

老泉步女士平常使用的翻铲。

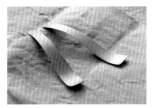

吃冰激凌的抹铲。材质为桦木。

炒菜木铲和煎锅是绝配。

甜点托铲。材质为栎木（上）和桦木。

在工房里进行作业的老泉步女士。

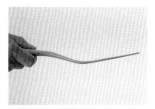

从侧面看的甜点托铲。

她还制作了适合左撇子使用的炒菜木铲，其 R 形与右手用木铲刚好对称。鱼鳞杉木的木纹既不扎眼又不奢华，让人感觉很舒服。"制作了新产品后'自己先试着用用'，这是让朋友试用时，他们给我的建议。'如果是我使用的话，这里的部分再薄一点会更好的'等意见成了我制作产品时的参考意见。当然，我自己也会反复试用的。"

在名古屋从事雕金工作的老泉步女士，想要去北海道的乡下生活。于是就搬到了置户，成为制作桶类手工艺品的研修生，自立门户之后开始制作炒菜木铲。现在她以制作木铲为主要工作，当然也会制作一些餐叉和甜点用的大号勺子、叉子。

"老家的奶奶一直在制作木铲，身体差了之后就决定不再制作了。于是就问我要不要做做看……居住在这种田园的环境里，就想去制作一些东西了。"

家与工坊一体的建筑，来源于此小集落里被废置的保育园。这就是怀有"真好，能制作一些他人忽略制作的东西"想法的、将北海道自产的木材制作成好用木铲的老泉步女士。

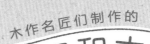

木作名匠们制作的

# 各种黄油刀和木铲

**▼**
### 山极博史的料理铲
材质为桧木。无涂抹。无论是拌沙拉还是盛饭等都适合。握起来很顺手。

**▲**
### 前田充的酱匙
材质从左至右依次为白蜡木、胡桃木和樱桃木。长为15厘米。

**▲**
### 山极博史的黄油刀
樱桃木涂抹胡桃油制作而成。使用方便,握持舒适,放在餐桌上俨然就是一幅画。

**▲**
### 川端健夫的黄油刀和酱刀
下边的是黄油刀(枫木)。酱刀的材质为胡桃木。

 Butter knife  Hera  Shamoji

**富山孝一的黄油刀**
先用劈刀劈开栎木, 稍微切削后, 涂上白漆制作而成。

**难波行秀的黄油刀**
材质为胡桃木（深色）和枫木。长为15厘米。

**日高英夫的黄油刀**
为了使之具有薄度, 使用了桦木制作而成。

**山极博史的酱铲**
樱桃木涂抹胡桃油制作而成。

各种黄油刀和木铲

# 黄油刀

by 山极博史

这种黄油刀用于在吐司上涂上黄油。早餐的餐桌上，虽然不显眼，但是每天都活跃着的就是黄油刀。每天都会使用，越使用越快乐，甚至会爱上使用它，难道你不想制作一柄像这样的个人专属黄油刀吗？而且做起来也不是很难。只要经过简单的切削，连初学者也可以制作出充满原创色彩的黄油刀。

指导者为山极博史先生。让我们一起把下一章里讲的黄油小箱子也一起试着制作了吧。

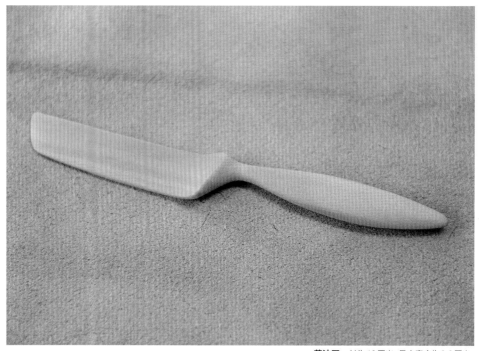

**黄油刀** 长为18厘米，最大宽度为2.3厘米。

**材料**

贝壳杉木（杂货店可以买到。厚度为1厘米）

**工具**

锯子
凿子
手工刀
铅笔
量尺

胡桃
布头
砂纸（120#、180#、240#、320#）

**1** 用铅笔画出18厘米×2厘米的长方形。

**4** 斟酌好黄油刀的长度后切割木材。

**6** 像削铅笔那样使用手工刀,不断地切削木胎。

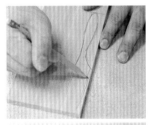

**2** 在所画出的面积图内,用铅笔设计并画出适当大小的黄油刀简图。

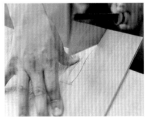

**3** 沿着所画的长方形,用锯子切下所需部分。先切下长边。

**5** 切除所画线的周围部分后,黄油刀的大致轮廓就出来了。先在所画线任何一个部位切入一点后,再进行作业会更容易些。

**7** 若感到切削困难,可将木材调个方向。最好在切削之前,确定好木材的纹理。

| 8 | 不时地停下来,查看整体的状态。 |

| 9 | 想象着成品的样子进行切削。柄部和头部的过渡地带有断坡是山极先生所制作的黄油刀的特点。 |

| 11 | 拿好木材,用折了三折的砂纸进行磨制。磨制黄油刀头部时,像梳理头发那样在砂纸上进行作业。部位不同,磨制方法也不同。 |

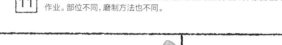

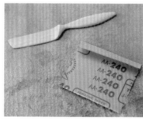

| 12 | 然后用较细的180#和240#砂纸进行磨制。不断变换木材的方向进行磨制,使之平滑。 |

| 14 | 基本完成。中间部分有断坡,视觉冲击效果显著。黄油刀头部顶端不要太尖比较好。 |

| 10 | 形状大体显现出来后,用砂纸磨。先用120#砂纸进行磨制。 |

| 13 | 最后用320#砂纸像过滤东西那样,细细打磨黄油刀全身。 |

| 15 | 布里包上胡桃仁,捶打出油。 |

16 将黄油刀全身涂上胡桃油。

完 成

## 一点点地削！

一 不要集中在一点进行切削和磨制，要把握好整体的平衡。"一点点地削比较好。"山极先生说道。

二 注意，切削完成时，黄油刀整体的形状也确定了。用砂纸磨，是为了使表面平滑才进行的作业。

三 如果把木材拿在手里进行削制比较困难的话，将它放在桌子上进行加工比较好。

四 木材宜选用较易入手的。贝壳杉硬度适中，做成后很漂亮。杂货店就可以买到。

# 比萨刀

**by 片冈祥光**

有别于西餐厅常见的比萨刀，这里介绍的是与因纽特人以前所使用的一种名为"muru"的刀具形状相似的比萨刀。钟爱比萨的木作名匠片冈祥光先生制作了包含刀、托盘和大号托铲的套装后进行了个人展出，并获得好评。他打算从读者中征集制作志愿者，虽然制作起来难度很高，但是喜欢吃比萨的朋友请一定要把握住这次机会来挑战自己。

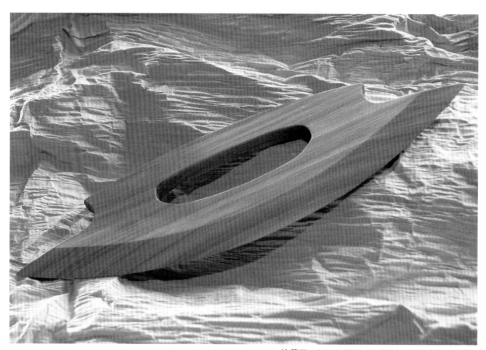

**比萨刀** 长25.7厘米，高7厘米，上边厚度为1.2厘米。

**材料**
桦木（用栎木、樱桃木、胡桃木也可以。请使用未经防腐处理的木材）。这次我们选用长为27厘米、宽为8厘米、厚度为1.2厘米的木材。

**工具**
钢丝锯
斜刃小刀（还有手工刀）
木工用锉刀
夹钳
画线规
铅笔

砂纸（80#、180#、240#）

**照片上没有的工具**
电钻机
胶水
规尺

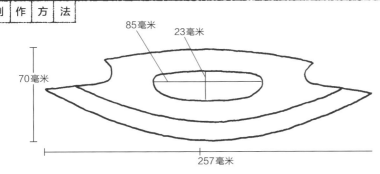

85毫米
23毫米
70毫米
257毫米

**1** 画出设计图。上图是原尺寸大小的35％。扩大复印也好，参考着图徒手画也可以。想要和本图大小一致时，要比着规尺描画。

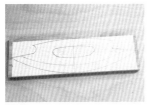

**2** 切下原图，用胶水粘在木材上。刀刃中间部分要贴在木材底边上。

**3** 将木材固定在夹钳上，用钢丝锯切下大致轮廓。但是柄部以上要留出大约1厘米的距离，一会儿用来固定；同时，将钢丝锯进行上下移动也相对方便。

**4** 用画线规画出刀刃部的中间线条。如果没有画线规，就用尺子以6毫米为单位（厚度为1.2厘米的正中间）测量画标记，再用铅笔连成一条线。

**5** 用刀子切削比萨刀的斜面刀刃部分。注意力度，要使刀刃两侧平衡对称。
*像第三点中提到的那样，将之前留下的1厘米区域用夹钳固定后进行切削比较容易。

**6** 用木工锉刀磨制刀刃部分。

**7** 将砂纸卷在木块上，磨制刀刃部分，消除锉刀痕迹。依次使用80#、180#和240#砂纸进行磨制。

8 切除手握部位的开口部分。先用电钻机钻两个钢丝锯能通过的孔。

10 用钢丝锯切除步骤3所留的1厘米部分。

12 用砂纸磨平木材棱角处。磨平带角的部分，磨出圆滑感。

9 将钢丝锯穿过刚才所钻出的孔，固定在夹钳上进行切削。

11 用砂纸磨去钢丝锯所留有的痕迹，要按照80#、180#和240#的顺序进行。用湿布头擦去步骤2所粘上的图纸。

13 也不要忘记处理开口部的内侧部分。最后用240#砂纸磨刀刃部分，完成木胎的制作。

这 里 是 重 点

## 刀的刃度取中庸的角度即可

一 如果比萨刀刃度太大的话，刀柄的感觉就会变差，取中庸的角度即可。

二 注意把握整体的平衡。因为对于实际使用的东西，视觉上的平衡感很重要。

三 切削时按照从刀刃的开口到根部的顺序操作较为容易。

四 事先将铅笔所画的线画粗一点，按照那条线进行钢丝锯的作业，这样比较容易。

片冈祥光先生拿着刚制作好的比萨刀去了意大利餐厅。主厨从木炭窑里取出刚刚烤制好的比萨，片冈先生将它巧妙地移到自己所制作的桦木托盘里，端上了餐桌。

切分比萨后，片冈先生又用自己制作的桦木托铲将比萨分到了各自的盘中。快来尝尝已经融入比萨刀、托盘、托铲三者之中的比萨吧。

"学生时代，我被前辈带到了一家旅馆的餐厅里。他问我想不想吃比萨，于是就有了我跟比萨的第一次邂逅。居然有这么好吃的食物。这是30多年前的事情了。"

**14** 最后涂上橄榄油。一次就涂好，经过几分钟的晾干后，用布擦去多余的油脂就完成了。

主厨从木炭窑里把刚刚烤制好的比萨放到桦木托盘里。

用自己制作的比萨刀切比萨的片冈先生。

**完 | 成**

　　想起这件事，片冈先生首先试着制作了比萨托盘和托铲。之后想着，难道就不能把比萨刀做成木头的吗？于是就试着做了，这就是比萨刀的来历了。

Pizza cutter

# 第4章

## 木箱和木盒
Box.Case

丹野则雄的六角形茶桶

造型洗练，工艺精湛

Box
Case

丹野则雄（tannno norio）

· 1951年出生于北海道。毕业于北海道设计研究所。在室内设计公司（为股份有限公司）工作后，于1980年在北海道旭川市开设了工坊。在1992~1993届制作体现玩趣的木箱比赛中获得了头奖及其他奖项。他用各种木材制作的名片盒非常有名。

"感觉好像一直在做箱子呀。"丹野则雄先生这样说道。他被亲密的朋友称为"箱子男"。也有人把他称作"捕手"。所谓的捕手，指的是带有别扣的工具，巧妙地别在一起时，会发出细小而美好的声音。有时候，人们会很想听箱子的盖子盖住时所发出的声音，一不小心就开开合合地重复很多次。

丹野先生的思考方式和发言都意味深长，"设计就是为他人着想的心"，"木材会说它所出生和成长的土地上的语言。大体上就是说，加拿大产的枫木就会说英语"，"制作器具过程中的机器声音，对我来说是安静的声音。如果不听其他的声音的话，我就能想出好主意"，"如果不给它刻去一定的量的话，它的本质是不会改变的"……

虽然说得很秀逸，但是"箱子里面有乾坤"。丹野先生说出了他常年制作箱子的一些体会和想法："箱子有一种吸引人的魅力，箱子里面有和其外部世界完全不同的另一个世界。虽然箱子的外部是制作者赋予的，但是内部却是使用者所制作的。有了制作者和使用者的共同努力，才成功地制作出一个完整的箱子。"

就是这位丹野先生，接受了客人的订单，制作出了盛放茶叶的小箱子。

"平常的茶桶都是圆筒形的，但是我考虑着制作成六角形的。四角形的比六角形的更容易变形。考虑到这点，才冒出来制作六角形茶桶的想法。制作的难点就在于别扣的制作，如果制作的与内侧保持适当的距离的话，茶桶会又漂亮又结实。"

必须要好好制作才可以。说到"内空"，好像应该有一种在角的内侧玩耍的微妙感觉。这个六角形茶桶的特点就是，内部还有一个内箱。把内箱放进外箱的时候，内箱有一种被吸进去的感觉，慢慢地就嵌入到里面了。这是只有丹野先生才能做出的事情啊。真是个充满个性的设计。

"其实最让我头疼的是茶匙的制作。我想给茶桶配一柄茶匙，想试着制作成折叠式的茶匙，但是合页轴部松紧度和制作的R形之美的方法，对我来说太难了……"

合页部分的制作，硬了不行，软了也不行，要能很好地舀起茶叶而不弯折。合上时还要能恰到好处地卡在盖子的内面之上。在小茶壶里放上茶叶之后，不知不觉中已将茶匙开合了很多次了……

盖上盖子时，别扣处发出"咔哧"声是必然的事情。丹野先生说："声音好听的话，心情也会变得舒畅。"好像木材的种类不同，声音也不尽相同。

最近，丹野先生好像在制作八角形茶桶。"角太多了，又要面对困难了。"虽然丹野先生这样说着，但是脸上所流露出的并不是苦痛，而是要挑战新事物的快乐心情。这就是他在稳重的笑声中想要向我们传达的东西。

六角形茶桶。材质为胡桃木（外箱）、法桐木（内箱）、花梨木（茶匙、别扣）、黄檀木（扣袢）。
折叠式茶匙的前端制作成了只有1毫米的厚度的样式。

像要沉落下去似的内箱。丹野先生说："制作成了这样。"他真是木作名匠里一个独特的存在。

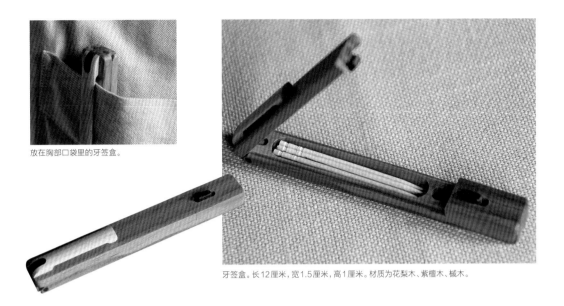

放在胸部口袋里的牙签盒。

牙签盒。长12厘米，宽1.5厘米，高1厘米。材质为花梨木、紫檀木、槭木。

五角形的筷子、筷子盒（胡桃木）和筷子架。筷子用了镶嵌技术，嵌入了栎木、花梨木、紫檀木、胡桃木、黑檀木等木材。

盖上盖子的筷子盒。长24厘米，宽3厘米，高1.4厘米。

丹野先生说想要制作其他人没有制作过的东西。

堀内亚理子（horiuti ariko）
1976年出生于北海道。毕业于秋田公立美术工艺短期大学专攻科。2000年完成了在岩手县安代町漆器中心的研修。现在在北海道旭川市进行制作活动。

# 纤巧苗条，漆后鲜亮
## 堀内亚理子的词典便当盒

它的名字没有半点虚假。大约就和词典一样大。苗条的三层便当盒——"词典便当盒"，是漆器制作家堀内亚理子女士根据高中时代的想法制作而成的。

"包里放着便当盒和词典去上学。想到了这些，就制作了词典便当盒……"

"我自己画出了简图，然后拜托木工丸一直哉先生帮我制成木胎。"在用刺桐木制作而成的小盒上，堀内女士涂了6遍漆才制作成了这个词典便当盒。

三层的词典便当盒。长19厘米，宽5.8厘米，高12厘米。材质为刺桐木。

名如其物，词典便当盒和词典大小相同。二层便当盒为19厘米×5.8厘米×8.2厘米的规格。

把自家的一间屋子作为工房来使用。

堀内亚理子的筷子。从左上角开始依次为漆绘筷、分层涂漆筷、八角筷、利休筷（下面的两双）。

把咸菜放入词典便当盒的堀内女士。

以前，《日经新闻》的专栏里曾经介绍过词典便当盒。于是她接到了来自全国各地的工薪族的父亲们的众多询问。放在包里也很适合的大小。具有漆的质感。可能是这种新鲜的组合触动了这些父亲的心弦吧。

其实，堀内女士在上大学之前，对漆完全没有了解。

"上了工艺科之后，听到老师讲了有关漆的文化，觉得很是有趣。想着有没有和这有关的日本式工作呢？真想去试着做做看。"

现在，堀内女士已经和漆打了十几年的交道了。她从漆的身上学到了很多东西。

"现在，人们的生活节奏很快。但是，漆却让人们想起人类所一直保持的步调。漆的置干很花时间。看到这个后，不禁让人感慨，原来人们以前所拥有的生活速度变成了如今的像流水似的模样。"

从使用者的角度来看，越使用漆器，越会感觉到漆器本身所带有的乐趣。

"经过使用之后，就会显出光泽，真是太帅了。我想要告诉那些基本上不与漆接触的年轻人漆的好处和价值。试着将漆器放在身边轻松地使用吧。真想让它们成为放在餐桌上供人们日常使用的器具。"对于堀内女士来说，她的词典便当盒就是这样一种器具。

川合优的杉木便当盒

增进食欲，木纹笔直优美

制箱人 3

川合优（kawai masaru）
1979年出生于岐阜县。毕业于京都精华大学艺术学部
（建筑专攻）。2002年在飞弹高山的"森林制作塾"学习木
工技术。在京都从事椅子座垫工作以后，作为一名木工自
立门户。2008年在南山城村开设了工坊。

"米饭和杉木简直就是绝配。就算是吃饭时筷子碰到了便当盒，都会让人有一种温柔的感觉。"

川合先生跟我们说，当他看到妻子幸枝女士在向他所制作的便当盒里盛饭的时候，就能感到真实的日常生活。

别看它跟个粉盒似的，但是却能够盛很多饭和小菜。日常生活里以制作家具为主的川合先生，在想到要制作的便当盒的尺寸时，反复地考虑了很多。

"想要它有能放进饭团那样的高度，所以就制作成了这个样子。为了携带方便，去郊游的时候可以在外面吃饭，也想到了要制作成刚好手里可以拿住的大小。"

川合先生的工坊在京都府南山城村的童仙房 *。其工坊原为一个保育园，他与木作名匠富井贵志一同使用。工坊具体地址在滋贺县和三重县交界的一个山间，四周长满了杉树。"这个便当盒是我用周边被伐下的杉木制作而成并且一直在使用的。木材加工所里的大叔拜托我一定要让它漂亮的木纹显现出来。想要用这些杉木制作一些细木器具，就决定制作成木箱了，内侧是擦漆而成的。最初我还想把外面也涂上漆，但是……"

既然好不容易让杉木显现出了美丽的木纹，"还是保留它原本的模样比较好。突然看到的时候也很漂亮"。妻子幸枝女士这样建议道。于是川合先生就按照妻子所说的那样，在便当盒的外面试着涂上了油而不是漆，保留了杉木的本色。确实，在安静的氛围里显现出了杉木的风情，而且盛上饭之后，总有一种饭变得更加好吃的感觉。试着用杉木便当盒吃了回饭，当便当盒靠近嘴边时，能闻到白米饭和小菜混合的味道，还能闻到一种淡淡的杉木香气。这就是让人感觉好像置身于森林或者是树荫下。当然，在办公休息室吃饭时杉木便当盒也会成为众人关注的焦点。

内侧为擦漆制作而成。为了让外侧显现出杉木本身的漂亮木纹，外面只是擦了油。

工坊旁边被伐下的杉木。为了一点也不浪费木材，川合先生认真地考虑下料问题之后才进行制作。

在工坊前面吃便当的川合先生。

* 2011年，川合先生将其工坊搬到了岐阜县的美浓加茂市。

# 和风箱子

## 荻原英二的装饰箱子

荻原英二（hagiwara eiji）
1951年出生于东京都。毕业于多摩艺术学园美术科。1972年进入乃村工艺社工作。作为艺术董事工作的同时也进行木制品制作活动。2002年于乃村工艺社退休后，成了一名木工，自立门户。

制箱人 4

"我非常喜欢箱子。"荻原英二先生也制作砧板和勺子，但是很喜欢箱子类器具，想着要制作一些箱子。

"可以感受到它的魅力。可以有很多用途吧。总之开开合合的过程中它好像什么也没有说，好像又在诉说着什么。"

数年之前制作的"装饰用箱子"，只是一个简单的四方体，盖子只是一个长方形的木板。

"当时想着，肯定没什么人会接受吧，但是没想到好评不断。""这是男子汉的箱子啊"这样评价的人也有。虽然设计简单，但是很有深意，可以有很多种用法。可以当成文具盒、眼镜盒、女性饰品盒、杂货盒等来使用。"客人有时会问这个盒子应该怎么使用，我就会说，请按照您自己的

装饰用箱子。32厘米×11厘米×7厘米。

喜好自由地使用就好。"

学习舞台美术之后进入了装饰公司工作，在工作的同时，开始了木制品的制作。家里的装饰都是他亲手布置的，使用的家具也是他制作的。他也参加过公开招募展和展销会。他 50 岁的时候自立门户，在埼玉县狭山市的自宅兼工坊里每天制作着木制器具。

"年轻的时候去北欧旅行过，也曾经留学于旧金山的一所美术大学。因为受到了震颤派家具的影响，开始了木制品的制作。但是随着年龄的增大，越来越喜欢'和风'式的东西。并不是浓厚和风的东西，而是那种在日常生活中所使用的东西。虽然是自学，但是他在一边看一边学细木家具、雕刻物品的制作过程中，渐渐地也掌握了一些制作要素。"

于是就从制作"装饰箱子"发展成制作筷子盒和带有茶匙的茶桶了。最近开始对火盆感兴趣了。确实和式风格很浓。但是，我们也能察觉到震颤派的某些影子。这就是荻原先生所制作的充满原创色彩的作品。

筷子和筷子盒。

餐具盒。本体的材质为胡桃木。提手部分材质为山胡桃木。

荻原先生和妻子敬子在餐厅。

茶箱。长9厘米，宽9厘米，高10.5厘米。

从茶箱里用茶匙舀出狭山茶。"确实，居住在狭山之后，对茶叶就变得很在意了。也曾经去过茶田参观。"荻原先生说道。

# 把餐桌变得豪华的
## 泛红色彩的樱桃木组合

### 山极博史的黄油盒

制箱人 5

山极博史（yamagiwa hirofumi）
1970年出生于大阪府。毕业于宝家造型大学后，在一家公司从事商品开发的工作。从公司退职之后，去了松本技术专门学校木工科学习木工技术。之后自立门户，开设了"打盹儿"工坊。现在，还在大阪市中央区有商品陈列室和事务所。

"最初，制作的商品在出售之前都会在冰箱里先放两年，查看它们的耐冻能力。地点是事务所、自家、职员的家。"

开始时制作的是桌子和椅子之类的家具，后来制作勺子和餐叉之类的餐具，山极博史先生既是设计者也是制作者。买黄油刀的顾客询问"能不能制作黄油盒呢"，这就是他制作黄油盒的契机。

"平常所贩卖的黄油盒都是用木材直接雕刻、切削制作而成的，我们工坊的却是用木材组合而成的。冰箱是终极的干燥地带，我很在意。"

和职员喝下午茶的山极博史先生( 正中间 )。

"打盹儿"器具的展示屋。

樱桃木制作的黄油盒。11厘米×16.5厘米×6厘米。放入了黄油。也有高8.5厘米的黄油盒。

山极先生惯用的黄油盒。

　　"制作完成之后，试着使用了大约两年的时间，基本上没有出现问题。黄油也给了木材适宜的湿度吧。为了防止将来木材会萎缩，所以就采用了榫接技术，一点一点地制作而成。"

　　设计制作成了简单又带有一点圆弧角度的样式。配套上黄油刀之后，有时会被客人形容成动物模样。从黄油盒里伸出的黄油刀看起来就像动物的尾巴似的，山极博史说："真的很可爱。"

　　选用了樱桃木材质。"带有红色的樱桃木和餐桌的颜色很搭，餐桌也变得华丽起来。黄油的油脂浸染到了黄油盒的内部，形成了漂亮的色彩。果然，樱桃木的颜色变化很容易辨别。"

　　试着询问了使用塑料制黄油盒的人之后，得到了"木制黄油盒能更好地保鲜"的答复。应该是木材和黄油的性质契合的缘故吧。这种契合性和山极博史先生追求简单的设计风格很像。

# 各种黄油盒

▼
**难波行秀的黄油盒**
胡桃木制。黄油刀（山胡桃木制）可以放置在上方。长17厘米，宽9厘米，高7厘米（带有盖子的状态）。

▲
**般若芳行的
半号黄油盒**
材质为樱木。

高桥秀寿的黄油盒
（Kakudo系列。设计者：大治将典）
材质为枫木（左）和山胡桃木。

▲将黄油盒底部与盖子的接合处，设计成了有45°倾斜角的样式。

片冈祥光的黄油盒
材质为鱼鳞银杉木。黄油刀的
材质为白桦木。

各种黄油盒

# 黄油盒

by 山极博史

在这里，"组合木材"是最大的重点。只要掌握了组合黄油盒的方法，你就可以依此方法制作很多别的种类的箱子了。虽然制作起来会花费比较长的时间，但并不是很难。有试着做的价值。也可以在制作过程中体验细木器具制作者的心情。那么，就让山极先生开始教授我们就连木工初学者都可以制作的黄油盒的方法吧。

**黄油盒**　16.3厘米×9.8厘米×5.5厘米【包含盖子】。

**材料**
贝壳杉木（10厘米×45厘米×厚1厘米）×1
松木（10厘米×45厘米×厚0.6厘米）×1
松木（4厘米×45厘米×厚1厘米）×2
竹篾

**工具**
锯子
锥子
铁锤
铅笔
研磨杵
牙刷
米饭
胡桃仁
水
裁刀（或者手工刀）
矩尺（或者直尺）
布头
砂纸（120#、180#、240#）
结绳带
一次性筷子
衣夹

**制作方法**　＊注意：山极先生是左撇子。

**1**　从制作黄油盒的侧板开始。首先，从宽度为4厘米的松木上各切下两片4厘米×10厘米和4厘米×16.5厘米的木板。注意测量的时候要用铅笔标出，然后用刀子画出线条，最后用锯子切割下来。

**2**　将长木板（16.5厘米）和短木板（10厘米）拼接在一起，画出拼接时内侧的线。正反两面都要。重要的是，要在距离长板和短板短线1厘米处都要画出线。

3 在短边（4厘米）的中间点（距离侧边2厘米）处连线。正反两面都要。按照对短边的木板的要求对长边木板进行同样的操作。

8 制作粘侧板的糨糊。用研磨杵研碎米饭，捣烂。捣几分钟后黏度就出来了。
*这种糨糊叫作饭糨糊。以前一直用于细木器具的制作。拥有可能比一般的黏合剂更出众的黏合力。因为是用于盛放食物，所以就选择了让人安心的饭糨糊。

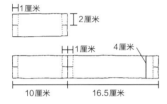

5 用锯子沿着铅笔线进行切割。最初，将锯子斜切，最后把锯子放直竖直着切割。注意要把握好力度，慢慢地切。4枚凸形木板就制作完成了。

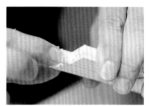

6 将直角处清理干净。将残存部分用刀子削刮掉。

9 在接合面上涂抹上饭浆糊，粘合上侧板。

4 为了可以进行木板组合，要将侧板木板切下2厘米×1厘米大小的区域，变成凸形。用锯子切割之前，在要切下的区域打叉，沿着铅笔线刻画出线条后，再用锯子切割。
*参照图

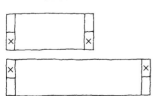

7 试着将木板拼接在一起。接合处大约有1条铅笔线的距离，木片接合后有点凸出也没有关系。

10 将侧板周围用两根结绳带固定住。

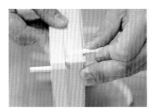

11 用沾湿的抹布擦拭沾湿的一次性筷子后,将筷子切割成适当的大小。将它们塞在边角粘合处的结绳带内部。

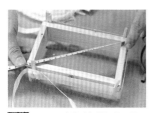

12 用尺子确认对角线还是不是原来的长度。放置30分钟晾干。

13 在晾干的时间里制作盖子。盖子呈贝壳杉木(外侧)和松木(内侧)粘和的样式。首先,将贝壳杉木切割成10厘米×16.5厘米的大小。

14 测量本体的内边长度。是144毫米,所以将松木切割出稍微短一点的142毫米长。

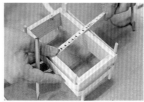

15 将切好的木材放在本体上,确认长度无误的话,用尺子测量短边。是78毫米,所以将松木切割出稍微短一点的76毫米长。

16 将切好的木材放在本体上,确认长度无误的话,将240#的砂纸卷在木片上,对松木片进行打磨。表面、接口、角等都要打磨。特别是要注意内侧(黄油一侧)的边和角棱处的打磨。

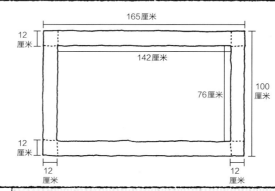

17 将盖子的外板(贝壳杉木)粘在内板(松木)上。为了将内板粘在外板的正中间,要测量一下外板的尺寸。
*参照左图

这里是重点

制成没有形状的样子

注意不要打磨过狠,

一 制作好角处的圆弧度,整体的效果才能显现出来,所以,这是重点。注意在用砂纸打磨时,把握好整体的平衡,随时调整。

二 沿着木纹用砂纸打磨比较好。不要打磨过狠,避免出现不成形状的样子。

三 在用锯子切割之前,沿着铅笔线用刀子划上几条刀线,切割就会变得简单,而且也不会切多或者切少。

18 用一次性筷子蘸上饭糨糊均匀地涂抹在要与外板粘合在一起的内板的那一面上，猛地按下。为了不让它们滑落，用衣夹夹住进行固定，经过30分钟晾干后将衣夹取下。

19 制作底板。按照前面所讲述的要领，从松木板上切割下10厘米×16.5厘米大小的木片。用240#砂纸仔细地打磨。

20 本体黏合在一起后，将木板上的结绳带取下，用180#的砂纸打磨要黏合底板的面。切除要黏合底板的面的凸出部分，用砂纸打磨平整。

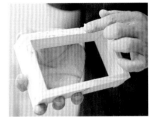

21 在要粘合底板的面上涂上饭糨糊，粘上底板。

22 用三根结绳带紧紧地固定在盒子上，像步骤11那样塞进一次性筷子。经过30分钟晾干后，取下结绳带。

23 在本体的接合处插入竹篾进行强化。首先，在接合面上用锥子钻出深于1厘米的孔。共计8处。（参下图）

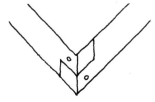

24 切下适当长度的竹篾，用刀子削尖头部。

25 将竹篾头部抹上饭糨糊，插入刚才所钻的孔里。用锤子轻轻地凿竹篾。切掉多余的竹篾部分。在8个地方进行同样的作业。

26 用刀子切削不平整的地方。

**27** 用卷在木片上的120#砂纸一个劲地打磨全体。将全体打磨平整，削除粘合处的段差。之后用180#的砂纸打磨棱角处和全体部分。最后用240#砂纸仔细地打磨盒子整体。

**29** 涂装。把胡桃仁包在布里，用锤子敲打。将胡桃油均匀地涂抹在木胎上，黄油盒就制作完成了。

**28** 按照120#、180#、240#的顺序打磨盖子。盖在本体上，打磨去除多余的地方。再盖上盖子。认真地调整打磨出棱角处和本体与盖子所接触的弧度。最后将240#砂纸拿在手上进行整体打磨，黄油盒木胎就制作完成了。

把黄油盛放在刚刚制作好的黄油盒里的山极先生。

**完成**

# 第5章

## 容器、碟子、食案、锅垫……
Bowl
Plate
Zen
Pot stand

# 白得纯净，设计调和

## 高桥秀寿的

## 椴木容器和薄壳杯子

放在唇边时令人心情舒畅，椴木自身的纹理清晰可见，这就是高桥秀寿先生在旋床上经过薄化处理精心制作而成的杯子。厚度约有 2 毫米，以它的薄度命名为"薄壳杯子"。

"也曾经想过制作 1 毫米厚的杯子，但是从杯子的使用年限来考虑的话，还是 2 毫米厚的更好。正是有了父辈的技术积淀，我才能制作得如此成功。"

高桥先生的父亲昭一先生，一直在旋床上制作槐木杯子。作为北海道观光地的土特产很畅销。作为儿子的高桥先生，从小就在父亲的身边观看和学习制作

制器人

高桥秀寿( takahasi hidetosi )
1969年出生于北海道。1992年进入父亲经营的高桥工艺公司( 北海道旭川市 )任职。他传承着旋床的工艺。现在主要作为一名木工而活跃着，制作一些木制桌边工艺用具。

杯子(薄壳系列)。

薄壳碟子(薄壳系列)。直径，大号33厘米、中号25厘米、小号18厘米。

碟子(角度系列)。材质为胡桃木。

神之杯子。材质为榆木。陶制的聚氨酯橡胶混制而成的，聚氨酯橡胶无异味，耐热。

工艺。在几年之前高桥先生开始制作"薄壳杯子"。最近，他和设计者共同制作的新产品系列很受欢迎。

由椴木制作而成的碟子和容器把椴木自身特有的白色质地映照在桌子上。"就像是壳很薄的鸡蛋的印象，所以取名为薄壳系列。主题为早上的一家人。想象着一家人早上围坐在桌子旁一起吃早餐的样子，就像是给人一种温柔怀抱的感觉。"这是小野里奈女士的设计。

角度系列是大治将典先生的设计：在锋利感中掺杂着圆润感。此系列为包含砧板、锅垫在内的系列食器。

"总是在考虑着，客人们怎样使用呢？也和设计师们一起交换想法，一起到商店里游逛，去餐馆里吃饭。这个碟子拿着很别扭，这里的 R 形有点……为了体会和确定试验品，有时候要花费 1 个月的时间。"

只有将工艺、使用者的感觉与设计者充分交流之后，才能制作出具备功能和感觉的器具。

神之杯子的厚度为2毫米。

容器（薄壳系列）。直径为15厘米。

在制作神之杯子的高桥秀寿先生。

用薄壳系列餐具吃饭的高桥秀寿先生（左）和妻子利佳女士。

裁剪台（角度系列）。八角形。侧面设计制作成了凹陷形，拿起十分简便。材质为五角枫木。

牛奶杯（薄壳系列）。

和食食案。长36厘米，宽26厘米，高2.5厘米。

# 活用各色木材，

# 以玩耍的心情组合

## 须田修司的食案

制作食案的人

须田修司（suda sixyuuji）

1969年出生于长野县。毕业于新潟大学工学部。在大手光学机作公司从事相机开发的工作之后，去北海道旭川市高等技术专门学校学习了木工技术。在那之后去了家具制作和承包建筑公司工作。自立门户之后，开设了"旅行的木材"工作室。

制作契机源于妻子笃子女士的一句话。

"在忙完一段家事之后，零食时间，孩子也回来了。真想大家一起吃着点心，舒服地度过这美好的时间。用木制碟子盛着点心会更好吧。

"为了回应从以前开始就亲手制作蛋糕和点心的笃子女士，我就对她说会试着做做看的。"于是须田修司先生就开始制作点心食案了。当然，自家里也在使用，现在发展成了将桐木、山毛榉木、胡桃木、枫木、樱桃木等数十种颜色不同的木材进行组合制成的商品化食案。自那之后，制作了适合和食的和食食案，考虑到长距离的端运又制作了托盘食案。

　　"带着玩心，快乐地进行颜色组合。想制作出在端出蛋糕时能引起人们热论的食案。对大小也进行了许多思考，最终制作成了既能盛放食物，收纳起来又方便，还具有平衡之美的食案。"

　　涂装用的是当地自产的亚麻油。须田先生租借了位于北海道当别町东里的废弃学校开设了家具工坊"旅行的木材"。东里地区是亚麻的产地，种植面积占到了全国的 80%。

　　"7 月初，青紫色的亚麻花盛开。亚麻籽被压榨成油后发货到各地。既然在日本的亚麻产地开设了工坊，就想着使用当地产的亚麻油。食案自不必说，家具上涂的也是亚麻油。"

　　他用的是 100% 的亚麻油，无添加物。"虽然晾干需要的时间比较长，但它是世界上最安全的油。"须田先生说道。涂有黄金色亚麻油的食案，其纹理在夕阳的映照下显得更加漂亮。

托盘食案。42厘米×30厘米×3厘米。

将各色木材快乐地组合在一起的"点心食案"，17厘米×10厘米×2厘米。

"点心食案"的纹理沐浴在夕阳下。

用摆在桌子上的并排食案融洽地吃饭的须田先生和他的长女。

须田先生的工坊源于一所废置的小学。以体育馆为工作室，商品陈列室为一间教室。

# 很小，但存在感极强

## 山下纯子的小碟子

制作碟子的人

山下纯子（yamasita jixyunnko）
1968年出生于神奈川县。毕业于共立女子大学家政学部。在住房翻新专业公司从事设计的工作之后，进入了平塚职业训练学校木工科学习。毕业后拜木作名匠井崎正治氏为师。2005年自立门户之后开设了自己的木工坊。

直径约为5厘米的碟子。材质为胡桃木。很适合盛放调味料和量少的东西。

保留着凿子的痕迹，直径约为 5 厘米的小碟子，深度不足 2 厘米。虽然很小，但是放在餐桌上却发挥着不可替代的作用。可以盛放盐、酱、提香物……物如其名，盛放豆也很合适。

山下纯子女士在东京的谷中经营着一家木工坊。平常独自制作些客人定做的家具，偶尔开设木工教室，在教学生们制作小碟子和筷子的时候，自己也制作一些。

"制作出令人百使不厌的家具是我的目标。虽然制作者是我，但是我想让它随着被主人使用而变成其家族的一员。这或许是谷中地区的风俗吧，当地人倾向于使用自产自销的物品，因此当地人的订单有很多。"

无论是小碟子的制作还是家具的制作，山下女士的制作理念是一样的。"随一家人吃饭或者喝下午茶时，在不知不觉的使用过程中，好像能变成不可或缺的家庭成员一样。"这就是山下女士的制作理念。

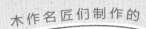

# 各种碟子、碗、锅垫

**富井贵志引以为豪的四角托盘**

"shikakuru"
20厘米的正方形盘面。涂制蜜蜡而成。

**富井贵志的长方形托盘**

"shikimono"
擦漆制作而成(前)的托盘和经蜜蜡涂制而成的托盘(后)。

**富井贵志的小碟子**

"mamekuru"
直径约为9厘米。左边的和下边的为山樱木涂漆制作而成的,其他的为涂制蜜蜡而成。

**荻原英二的茶托盘**

残留着些许的凿刻痕迹。材质为胡桃木。宽12厘米,长25厘米,厚1.5厘米。

111

### ▼ 富山孝一的"不倒碗"

材质为胡桃木。涂漆制作而成。底部没有底座,但也不是平的。摇摇晃晃的但是不倒,所以称为"不倒碗"。但是,盛入汤类之后却会变得很稳。

Bowl  Plate  Zen

▼不用时可以挂在墙上，很好地成了室内装饰的一部分。

▼各部分可以进行弯曲，可以放置底部不平的东西。

▲◄▶
**山极博史的**
**星形锅垫**
由5个部分组合而成。

▼
**高桥秀寿的**
**像百吉圈一样的锅垫**
（角度系列。设计者：大治将典）外径为15
厘米。材质为胡桃木（左）、樱桃木（上）、枫
木（下）。"木胎上粘上锅底黑后就制作完成
了。"高桥先生说。

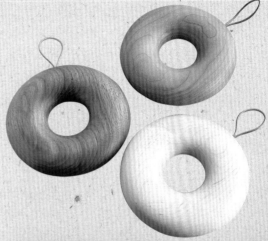

各种碟子、碗、锅垫

113

# 四角小碟子

**by 山下纯子**

适量的下酒菜、几粒花生米、适量的盐都可以用小碟子来盛放。无论有多少个像这样的小碟子，都会很有用。虽然自己制作的小碟子形状有点歪，但是正因为如此，才具有独特的味道。根据木材颜色的差异，多制作几个之后，就组成自己专属的小碟子家族了。

那么现在就让我们拿起木材边角料和雕刻刀来进行制作吧。指导者是山下纯子女士。

四角小碟子　开口处边长5.8厘米,高1.7厘米

---

### 这里是重点

## 像用凿子清洁底板的感觉！

一　注意不要将雕刻刀推到底部，用手感觉着厚度进行加工。

二　将角制作成型之后，整体就会出现一种收紧的感觉。

三　注意不要将侧面雕成直角，尽可能斜着进行加工。

四　雕刻底部的时候，遵循杠杆原理，像用凿子掠过似的进行加工。最后带着"清洁底板的心情"沿着纹理进行清理。

---

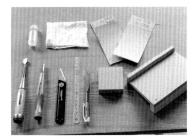

**材料**
胡桃木。这次使用6厘米×6厘米×厚2厘米大小的木材。大约大小就是这样，选用身边可以弄到的木材也可以。

**工具**
凿子（用圆曲凿子更简便）
雕刻刀（6厘米大小的圆刃即可）
手工刀
尺子
自动笔（铅笔）之类的记录工具
切削台
砂纸（＃150、＃240）
布头（布）
胡桃油（橄榄油、芝麻油、亚麻油任取一种也可以）

---

### 制作方法

**1** 用直尺比着画出木材的对角线。只画一面。

**2** 在画对角线的一面，取各距离四条边2毫米处画4条线。

步骤7完成之后

3　在里面(底面)距离四边的边缘7毫米处画线。

11　用150#砂纸磨制。内侧要轻轻磨。里面可以用力磨,注意不要忘了磨各边和棱角。

4　在侧面上表面四角开始,到里面四边呈7毫米线的交点连线。

12　最后用240#砂纸进行整体打磨。

8　将内侧的角用刀子竖着进行加工,左右同时切削,做出明显的角度。

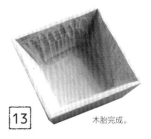

5　在表面对角线的中心用雕刻刀进行雕刻。旋转工具后,洞穴口呈现出花瓣的形状。

13　木胎完成。

6　不断地雕刻。但是不要一个劲地雕刻,要注意底部的厚度进行作业。

9　将里面的角按照7毫米的线条进行切削,最后削成斜面。

14　用布沾上胡桃油,均匀地涂抹在木胎上。

7　雕得差不多的时候,底部就可以用凿子加工了。

10　检查全体,将内侧和外侧稍作调整。把内侧的底部像进行扫除那样进行清理。

完　成

# 甜点食案

**by 须田修司**

须田修司先生向读者讲解并手把手地教本书第 108 页所介绍的甜点食案的制作方法。重点是要做好木材的颜色搭配，突出颜色的魅力。还有，45° 角切割木材，在接合面上嵌入木材等步骤是既具有难度又具有设计性的作业。让我们来试着制作吧。

**甜点食案** 宽 10 厘米，长 17 厘米，高 2 厘米。

**材料**

樱桃木（6 厘米 × 27 厘米 × 厚 1.2 厘米）× 1

枫 木（2 厘米 × 27 厘米 × 厚 1.2 厘米）× 2

胡桃木的直角三角形木片（1.5 厘米 × 1.5 厘米 × 2.25 厘米大小的三角形，厚度大致为 2 毫米）× 4

*选择可以购买到的其他木材也可以，但是要注意用不同颜色木材的组合制作，这样成品才会更漂亮。

**工具**

钢丝锯（两刃锯、侧锯）

夹钳

刨子

凿子

铁锤

45° 量尺

直角尺

规尺

铅笔

木工用黏合剂

毛刷

牙刷（用使用过的牙刷

比较好）

砂纸（120#、180#、240#）

布头

油（亚麻油、胡桃油、橄榄油、芝麻油等。须田先生使用的是当地自产的 100% 纯正亚麻油）

作为制动器而使用的木材（厚度约为 1 厘米）

**1** 为了夹住樱桃木,要在其两边粘上枫木。在樱桃木两侧用手抹匀木工用黏合剂。

**2** 用夹钳夹住两边,使其压实,用1个小时晾干。

**3** 将粘着时压挤出的多余黏合剂用沾湿的牙刷刷去,注意不要遗漏。

**4** 黏合好后,用刨子将其两面刨平。
*对于不习惯使用刨子的人,这一步也可以省去不做。

**5** 在距离两端5厘米的地方画线,注意各个面都要画线。

**6** 用双刃锯沿着所画的线将两端锯下。

**7** 在距离两端各11毫米(如果原木材为12毫米厚的话,就用刨子刨成11毫米厚)的小正方形里,各画出一条对角线。

把A面与B面切下

11毫米

A面　　　B面

11毫米

**8** 用锯子对锯下的短边木材也进行同样的处理。最终,A面与C面进行黏合,B面与D面进行黏合。

11毫米　　11毫米

11毫米　　　　　　11毫米

C面　　　　D面

把C面与D面切下

**9** 用侧锯切除A、B、C、D面。要按照斜45°进行切割,难度较大。

**10** 当操作困难的时候,将45°量尺与夹钳配合使用,进行切割。
*这里所使用的45°量尺是须田先生所钟爱的工具。如果没有45°量尺的话,也可以拜托杂货店的人帮忙切割。

117

11 处理要成为支架的那两块木材。在距离刚切下的斜面部分的顶端2厘米处画线，各个面都要画。
＊参照下图进行操作。

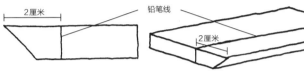

2厘米　铅笔线　2厘米　2厘米

14 用侧锯切除刚刚所画的2厘米（11步骤中所画的线）宽的区域。

12 用卷在木块上的120#砂纸磨平接合面（A、B、C、D各面）。

13 确认A面与C面、B面与D面的接合精准度，稍做调整。

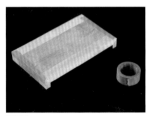

15 用遮蔽胶带粘住需要黏合的面。

这里是重点

精心制作的棱角可以体现　整体的形状美

一　操作刨子的诀窍——每次，不要一点一点地刨，要一口气刨到底。处理木材的端部时，要有助跑的感觉，注意不要将刨子的刀部超过木材端部。
对于刚刚买入的新刨子，要用尺子对其竖面、横面和斜面好好地测量一下，以确保刨子的底座没有装反。因为可能会有弯曲的地方，所以还需要对刨子进行干燥处理。

二　使用锯子的诀窍——要利用锯子的重量进行加工。要一直沿着所画的线锯，当有木屑挡住所画的线时，要将木屑清理干净后再锯。不要忘记日本锯是使用来回的拉力来进行操作的。

三　用锯子按照45°的斜面切锯木材时，可能会由于木材很硬使得专业人士都觉得困难。一点点来，千万不要灰心。

四　顺利地制作出木材分明的棱角，整体的形状美也会显现出来。

16 将经过黏合的木材反过来，在接合面上用手涂匀木工用黏合剂。

17 让木工用黏合剂稍微溢出，用手瞬间压住。这样做会使其均匀地流满接合面。

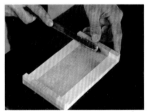

18 用沾湿的牙刷刷去经过挤压而溢出的黏合剂。

19 放置约1个小时，晾干。揭下遮蔽胶带。

20 在角的四边进行"切丝嵌入"作业。测量出距离长边顶端9毫米处，各画出一个长10毫米、宽2毫米的长方形。将木材固定在夹钳上，用锯子在刚画的长方形的对角线处各斜切一个45°角的斜面。
＊请参照图进行操作。

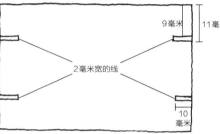

21 用锯子锯掉所画线的多余部分。像传统工艺人那样，用铁锤敲打凿子，从上到下一点点地加工。

22 用凿子将接榫部清理干净。将120#的砂纸卷在直尺上，打磨榫部。将45°角稍稍调整进行清晰处理。

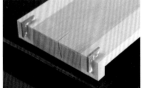

23 把竹篾（火柴棒、牙签也可以）头部抹上黏合剂，涂在接榫部，嵌入三角形的胡桃木片。

24 用沾湿的牙刷刷去经过挤压而溢出的黏合剂。放置约1个小时，晾干。

25 将凸出过多的胡桃木片用锯子适当切下，留有约1毫米的距离。

26 将剩余的约1毫米的胡桃木片用120#的砂纸磨掉。之后，沿着木纹用180#的砂纸磨制内侧和外侧，最后换成240#的砂纸磨制。

27 最后用180#的砂纸打磨边角上的棱（支脚的里面和内侧也需要打磨），木胎就做好了。

28 把毛刷沾上亚麻油均匀地刷在木胎上。按照里面到侧面的顺序。在涂制表面时，先用布头擦拭木胎上的油。

29 将油用毛刷涂抹在木胎表面，用布头轻轻地擦拭后完成。

完 成

# 第6章

## 砧 板
Cutting board

"打盹儿"的砧板们。

松本宽司（tumamoto kanji）
1976年出生于爱知县。在爱知县县立旭丘高等学校美术科毕业之后，去京屋伊助商店从事佛像和佛具的制作和修复工作。2004年在岐阜县多治见市开设了studio MAVO工作室，开始了容器和餐具的制作。2011年，将工坊搬到了爱知县的田原市。

松本宽司的砧板

人形砧板，除水方便

制作砧板的人❶

松本先生制作的拥有独特形状的砧板。

在厨房角落里竖立放置的砧板。设计制作成了有两个支脚的样式，底部可以很好地通风。

正在工坊里工作的松本先生。

在吃早餐的时候，砧板可以用作面包托盘。

去手工艺品展览会的时候，看到了手工艺品制作家和家具制作家们制作的各种样式的砧板。在那些作品之中最特别的就是松本宽司先生制作的砧板了。短边一侧的底部有两个凸起。将它竖直放置后，俨然有一种人的感觉。

"把砧板制作成看起来像机器人、像吉卜力工作室的动画人物、像动漫电影《天空之城》里的拉普达的话，厨房也会变得欢乐起来吧。"

刚开始制作的砧板，底部是平的，并没有两个凸起。制作容器和餐具的松本先生，在生活中不断地试验着体会使用时的感觉和触感，将不足之处进行改良。在使用所制作的砧板的过程中，发现水垢都堆积在了底端，底端慢慢变成了黑色。这时，松本先生想到，给它制作成有两个脚的形状的话，问题就迎刃而解了。

材质为最喜欢的栎木。"品质好，坚韧性和给人的感觉也很好。我喜欢使用一段时间之后它所呈现出的古朴气息。以前，在铭木市的会场里堆积着很多直木纹的栎木。那是价格便宜的刺木 *。我想着，要拿它来制作些什么的时候，就制作成了砧板。"

用质朴的栎木制作而成的平常使用的砧板，也能当盛放器皿用。在实用性方面，作为除水极为方便的工具，非常出色。

＊刺木
将纹理漂亮的贵重木材进行切片薄处理后的木材称为刺板。所谓的刺木，就是在对刺板进行加工时所产生的边角料。

富山孝一的砧板

# 用刨子简单地刨制而成

制作砧板的人②

富山孝一
（tomiyama kouiti）
1968年出生于神奈川县。
在从事过程序设计员、架子工和木工之后，于2004年作为一名木工而自立门户。在横滨市青叶区的家里，妻子由加女士经营着一家贩卖生活用具的名为"12月"的杂货店。

受在古董店里买来的砧板（前）的影响制作而成的砧板。

厚度为 4 厘米，满满存在感的砧板。富山孝一先生用榆木制作的砧板，比传统型号的胡桃木砧板大 1 倍。

之所以制作这么大的型号，灵感来自旅途中在一家古董店里买到的一个古色古香的砧板。这个砧板在法国的一个偏僻乡村里经过了长年累月的使用，很有味道。

"虽然设计简单，作为砧板也太重，但是重到如此的程度真是有了一种违和感……我喜欢用熟了的东西。所以很喜欢一大早就跑到古董市场去逛。"

富山先生在年轻的时候干过架子工，之后作为木工独立门户。但是他在 30 多岁的时候生过一场大病，康复之后，学习制作家具。现在，他主要制作砧板、木碗和勺子。

"制作砧板时，我总是精准而又整齐地完成。使用的面一定用刨子刨好。在截取木材下料时我也很注意。但是，勺子和木碗的制作不一样，可以发挥自由的想象力。"

砧板。左边的大号砧板材质为榆木，厚4厘米。中间两个是由胡桃木制作而成的传统型号的砧板。

确实，我们可以在虽然摇晃不定但是拥有不可思议稳定性的"不倒碗"里，在用栗木或栎木制作而成的各种细长的匙子里，体会到富山先生用他那精妙的构思快乐地制作器具这件事情。

"只制作能令自己感到心情舒畅的东西。制作在自己的生活中必要的东西。虽然这么说，对于许多新东西，我也不知道到底能不能制成呢。总之，自己制作了就使用。不只追求制作好用的器具，也重视使用时能带给使用者快乐这一点。"

在接下来的几页里，富山先生要向我们讲解奶酪砧板的制作方法。在制作好的砧板上按照奶酪、柠檬、荷兰芹……的顺序，富山先生很高兴地向我们展示了"切""切细""切碎"的实际演练。

"不倒碗"的材质为胡桃木。

富山先生自由地发挥想象制作的各种匙子。擦漆而成。材质为栗木、胡桃木、栎木和槐木等。

富山先生在家里用惯了的砧板。

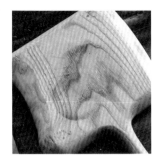

在名为"12月"的杂货店里，为砧板
抹油的富山先生。

在工坊的一角里堆放的做砧板用的木材。

在自家屋前吃着午饭的富山孝一先生和妻子由加女士。

# 奶酪砧板

by 富山孝一

富山先生制作的大小合适的砧板，不只可以用来切奶酪，也适合切像香辛调味料、水果之类的东西。会留下刺鼻气味的大蒜专用砧板，酸度极强的专用柠檬砧板，无论有多少像这样的专业砧板，都会因其实用性而被当成宝贝来使用。奶酪砧板大小适当，不会占用过多的空间，制作也相对简单。富山孝一先生手把手地为我们传授就算是新手也能制作的砧板制作方法。

奶酪砧板　长为28.5厘米，宽为10厘米。

**材料**

日本扁柏（使用在杂货店里可以买到的除了杉木以外的任何一种木材都可以）。大小要比成品比例大1倍。这次选用长29厘米、宽13.5厘米、厚0.9厘米的木材。

**工具**

锯子
斜刃刀
刨子
夹钳
直角尺（还可以用三角直尺）
尺子

铅笔
布头
砂纸（80#、150#、240#）

＊如果有长方体木材，那么1~3的步骤就可以省略，直接从第4步开始做。

**1** 在木材上画出当作基准的直线。

**2** 用夹钳固定住木材，沿着所画的直线用锯子锯下多余部分。

**3** 把直角尺或者三角直尺比在直线上，画出另一条与刚才的线成直角的线。用锯子锯下多余部分，将木材制成长方体模样。

**4** 按照成图（参照右图）在木材上进行描绘。首先，从刚才所画线的一端开始，测量出宽为10厘米的短边。

※右边的尺寸只作为参考。设计制作成适合自己使用的尺寸也可以。

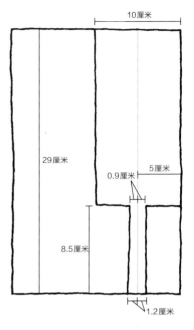

10厘米
29厘米
5厘米
0.9厘米
8.5厘米
1.2厘米

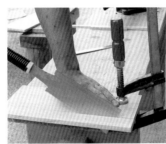

**5** 沿着所画的线，切割出砧板的大体轮廓。先切长边，再切横面和斜面。
＊小诀窍：切砧板的手握部分时，要将锯子倾斜，切到交错点时最后要把锯子竖起来切。

131

6 调整手握柄部的长度,切除过长的部分,砧板的大体形状就做好了。

8 用刨子刨平表面。

9 用湿布头认真地擦拭砧板。

7 棱部。用夹钳固定好木材,用小刀削去木材的棱角。表面和里面都要处理。也可以不用小刀,用粗糙一点的砂纸(80#、150#)打磨也可以。把砂纸卷在木片上再打磨操作起来更方便。
＊不要将手放在刀刃前。

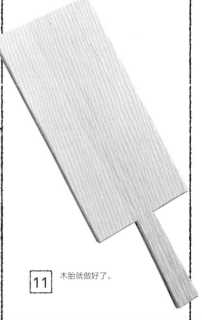

10 砧板干了之后,用细砂纸(240#)顺着木纹进行打磨。棱角部分也要打磨。

11 木胎就做好了。

这里是重点

但不能死板
要认真,

一 制作的时候要认真,但是不要过分拘泥就好。即使制作的左右不对称,一边稍微短点也没有关系。不要计较太多,试着做做吧。

二 但是棱角部分一定要好好地处理。棱角处理不好会影响砧板整体的感觉。会让人觉得东西很难切,砧板的手感也不好。

三 使用直木纹的砧板比较好,因为直木纹不易扭曲。

| 完 | 成 | 最后涂上橄榄油或胡桃油等，用布头擦拭后就制作完成了。什么也不涂也很好，但是涂上油的砧板不易变形。

切奶酪。

把柠檬切片。

把姜切丝。

把荷兰芹切碎。

Cutting board

# 第7章

# 筷子、筷子盒、餐具支架

Chopsticks
Chopstick rest
Cutlery rest

冲原沙耶的竹筷

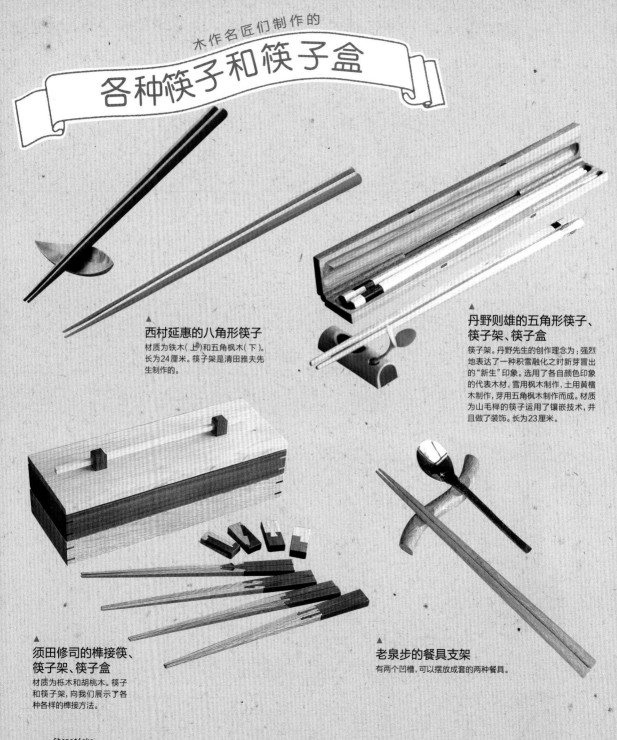

# 各种筷子和筷子盒

木作名匠们制作的

**西村延惠的八角形筷子**

材质为铁木（上）和五角枫木（下）。长为24厘米。筷子架是清田雅夫先生制作的。

**丹野则雄的五角形筷子、筷子架、筷子盒**

筷子架。丹野先生的创作理念为：强烈地表达了一种积雪融化之时新芽冒出的"新生"印象。选用了各自颜色印象的代表木材，雪用枫木制作，土用黄檀木制作，芽用五角枫木制作而成。材质为山毛榉的筷子运用了镶嵌技术，并且做了装饰。长为23厘米。

**须田修司的榫接筷、筷子架、筷子盒**

材质为栎木和胡桃木。筷子和筷子架，向我们展示了各种各样的榫接方法。

**老泉步的餐具支架**

有两个凹槽，可以摆放成套的两种餐具。

**堀内亚理子的筷子**
下图中自上而下依次是漆绘筷、分层涂漆筷、八角筷、利休筷( 2对)。

**山极博史的餐具支架**
样式为简单的细长方体。材质为胡桃木。

**酒井厚地的筷子**
（樱木）和引以为豪的筷子盒（白蜡木）

各种筷子和筷子架

# 筷子和筷子架

by 山下纯子

人的手大小不同，手指长短也不一样。虽然世界上有很多筷子，但是却没有一双适合自己的筷子。基于此，为什么不让我们试着制作一双属于自己的筷子呢？制作方法简单，但是，筷子尖端部分的拿捏和手握部分的粗细也是有一定难度的。

既然机会这么难得，让我们也试着制作一个与筷子成套的筷子架吧。用一小块儿边角料就可以制成的在餐桌上放光的筷子架。

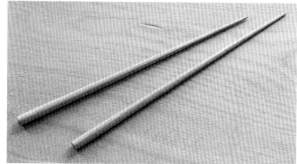

筷子　长为23厘米。

**将尖端削得过细之后就变成了大号牙签**

一　注意削的时候要均匀地旋转木材。如果不这样做的话，会制作成变形的筷子。就是说，要把握好整体的平衡。

二　筷子的中间部分容易加工得比较粗，要注意。将筷子并靠在一起进行检查。

三　将尖端削得过细之后就变成了大号牙签，注意不要削得太细。

四　按照自己的喜好，来试着制作圆的、四角形的、八角形的筷子吧。

**材料**
胡桃木。这次使用25厘米×0.9厘米×0.9厘米的木材。大小大概就是这样，用别的可以买到的木材也可以。

**工具**
锯子
手工刀
直角尺
自动笔
（铅笔）等记录工具
切削台

砂纸（150#、240#）
布头
胡桃油（使用橄榄油、芝麻油、亚麻油等也可以）

**1** 在木材的两端画出对角线，找出中心点。

**2** 将木材的一端顶在切削台上，可以大概看出刚才所画的中心点，在把握整体平衡的同时，用刀子削除棱角。首先，将四面的棱角进行等量的切削，使之大体呈现出八角形的样子。

**3** 削细尖端部分。在旋转木材的同时，一点一点地均等切削。

**4** 把木材的三分之一距离的区域削成细的圆柱形。但是不要削太细，否则会变成牙签。

**5** 最后一手拿着木材，另一只手拿着小刀，像削铅笔那样，在旋转木材的同时，一点一点地均等切削。

**6** 决定适合自己的筷子长度，将多余部分用锯子锯下。

**7** 将头部削出棱角。

**8** 用砂纸磨。从较粗的150#砂纸开始，将切削痕迹打磨掉，将尖端部分打磨干净。但是，尖端容易被折断，不要用力过大。最后用240#砂纸打磨，木胎就完成了。

**9** 用布头沾上油，均匀地涂抹在木胎上。

**完 成** 最后擦干多余油分，放在通风处阴干使用即可。

筷子架　3厘米×3厘米×8毫米。

2 沿着所画的过对角线中心的线用小刀切出一条浅线。

3 将小刀嵌入切线里,一点点地沿着斜面进行切削。

**材料**
胡桃木。这次使用3厘米×3厘米×0.9厘米的木材。大小大概就是这样,用别的可以买到的木材也可以。

**工具**
直角尺
自动笔(铅笔)等记录工具
切削台
砂纸(150#、240#)
布头
胡桃油(使用橄榄油、苏子油、亚麻油等也可以)

| 筷 | 子 | 架 | 的 |
| 制 | 作 | 方 | 法 |

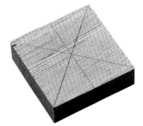

1 画出木材表面的对角线。画出与平行木纹成直角的(与边成直角)穿过对角线中心点的线。

**这里是重点**

**干脆地决定V字的平衡**

一　为了显现出棱线,要像折纸那样去加工。用砂纸过度打磨之后,就会失去整体感。

二　注意不要只切削一面,要一点一点地进行交互作业。为了使之出现对称的V形,要在把握整体的平衡美的基础上进行加工。

三　注意各个V形的顶点部分要与底边保持一定的距离。

4 为了出现V字形，要两侧交错着进行切削。不要嫌麻烦，要一点一点地重复进行。另一面也是如此。

5 先用150#砂纸进行打磨，接着用240#砂纸打磨。

6 将砂纸卷在木片或者筷子上进行打磨，操作起来更方便。

7 用布头沾上胡桃油，均匀地涂抹在木胎上。最后擦干多余油分，放在通风好的地方阴干后就可以使用了。

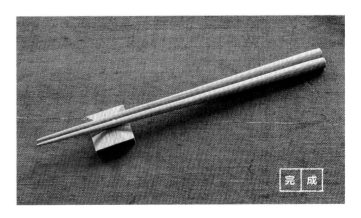

完 成

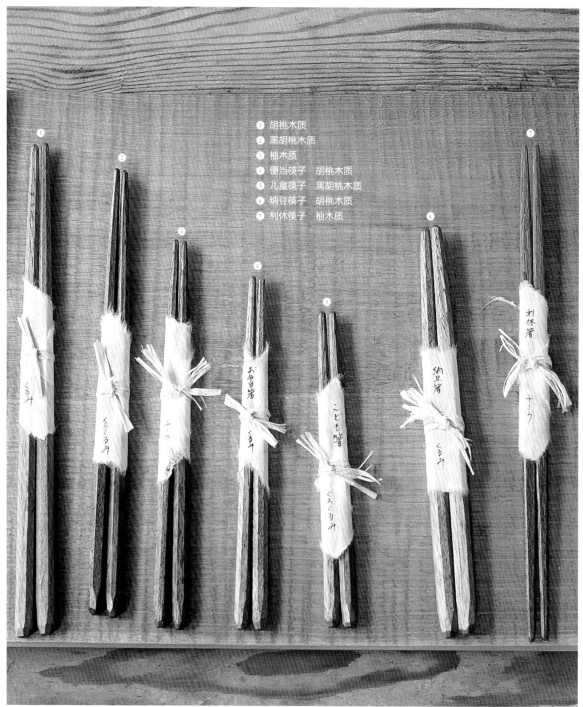

1 胡桃木质
2 黑胡桃木质
3 柚木质
4 便当筷子　胡桃木质
5 儿童筷子　黑胡桃木质
6 纳豆筷子　胡桃木质
7 利休筷子　柚木质

荻原英二的筷子。取物筷（左边两双）、儿童筷子（从右开始数第三双）、纳豆筷（从右开始数第二双）、利休筷（右）等。

# D A T A

下面介绍本书中所出现的商品的销售
店面、购买制作原料木材的商店和与木
工有关系的各种用语解释。

# 本书中所介绍的木作名匠们的联络方式

带*的是商店（刊载在第148～151页的数据） 2013年6月的信息
（编者注：为便于读者寻找及联络，以下内容为原版书信息）

臼田健二（クラフト蒼）
〒071-1431 北海道上川郡東川町1号北44
TEL 0166-82-2290
craft_so@agate.plala.or.jp
http://www14.plala.or.jp/craft_so/

老泉まゆみ（アトリエもくれん）
〒099-1252 北海道常呂郡置戸町勝山157
TEL 0157-54-2526
mokuren@cool.plala.or.jp
*3,6,8

沖原紗耶
〒400-0514 山梨県南巨摩郡富士川町平林511
http://sayaokihara.blog75.fc2.com/
*28,48

片岡祥光（工房WOOD LANDER'S 木那）
〒099-1123 北海道常呂郡置戸町拓殖
TEL 0157-53-2800
oketo@ki-na.com
http://www.ki-na.com

加藤慎輔（木工 木生）
〒457-0818 名古屋市南区白水町36-215
ki-ki@crocus.ocn.ne.jp
http://www10.ocn.ne.jp/~ki-ki/

川合優
〒505-0007 岐阜県美濃加茂市蜂屋町下蜂屋379-2
http://www.kawai-masaru.com

川端健夫
〒520-3305 滋賀県甲賀市甲南町野川835
TEL 0748-86-1552
kbtakeo@ybb.ne.jp
http://mammamia-project.jp
*14,18,24,30,31,42,45,47,53,55,57,64,67,69,70,73,
  75,76

久保田芳弘
〒503-1321 岐阜県養老郡養老町岩道字小橋336-1
TEL 0584-34-0745
http://www.kubota-tsuyoshi.jp

NPO法人グリーンウッドワーク協会
（代表：小野敦　顧問：久津輪雅）
〒501-3732 岐阜県美濃市広岡町2973-1
TEL 090-4793-9508（小野）
greenwoodworker@gmail.com
http://greenwoodwork.blog112.fc2.com

さかいあつし（匙屋）
sajiya4@yahoo.co.jp
http://www.sajiya.jp
*17,23

酒井邦芳
〒399-0738 長野県塩尻市大門7-9-19
TEL 0263-53-1859
http://www2.ocn.ne.jp/~saji-ks

佐藤佳成（木工房ある）
〒099-1363 北海道常呂郡置戸町雄勝1-2
TEL 0157-55-2071
*6,8,9

須田修司（家具工房 旅する木）
〒061-0213 北海道石狩郡当別町東裏2796-1 旧東裏小学校
TEL 0133-25-5555
kagu@tabisuruki.com
http://tabisuruki.com

大門巌（バウ工房）
〒071-1425 北海道上川郡東川町西町9-4-1
TEL 0166-82-2213

高橋秀寿（高橋工芸）
〒070-0055 北海道旭川市5条西9丁目2-5
TEL 0166-22-6353
t-kougei@potato10.hokkai.net
http://www.takahashikougei.com
*2,4,5,7,10,15,19,21,37,39,40,43,54,72
（この他にも各地に取扱店があるので、詳細はHPを参照）

田中孝明（トモル工房）
〒932-0217 富山県南砺市本町3-26
TEL 0763-82-3637
http://wood-urushi.net

玉元利幸（たま木工商店）
〒905-1201 沖縄県国頭郡東村高江98-1
TEL 0980-43-2177
http://tamamoku.net/

丹野則雄（クラフト＆デザイン タンノ）
〒078-1271 北海道旭川市東旭川町東桜岡166-9
TEL 0166-36-5636
cdtanno@dream.com
*5,36,66

富井貴志（konotami）
〒529-1821 滋賀県甲賀市信楽町多羅尾2583
TEL 0748-64-0002
http://konotami.zashiki.com
*9,11,20,22,24,25,29,44,49,50,52,57,65,68

富山孝一
〒227-0031 横浜市青葉区寺家町337
TEL 090-9152-3092
mail@tomiyamakoichi.com
http://www.tomiyamakoichi.com
*16,26,35,41

難波行秀（TANBANANBA 木のしごと）
〒669-3166 兵庫県丹波市山南町小野尻423-1
TEL 0795-76-2335
shinryou@tanbananba.com
http://www.tanbananba.com
*38,56,59,61,62,77

西村延恵（クラフト工房 木奏）
〒099-1367 北海道常呂郡置戸町常盤230-3
TEL 0157-67-5655
cana@lime.plala.or.jp
*5,6,8

萩原英二（萩原工房＆デザイン）
〒350-1305 埼玉県狭山市入間川4-19-37
TEL 04-2953-4502
eiji-ha@yk9.so-net.ne.jp
*12,27,32,46,57,58,71,74

般若芳行
〒399-6203 長野県木曽郡木祖村大字小木曽5131
TEL 0264-36-3283

日高英夫
〒385-0005 長野県佐久市香坂1157-1
hi-daka@nifty.com
http://homepage3.nifty.com/hi-daka/

堀内亜理子
〒078-8216 北海道旭川市6条通24丁目376-10-1号
TEL 0166-33-0015
ariko-h@kmail.plala.or.jp
*1,6

前田充（ki-to-te）
〒190-0031 東京都立川市砂川町2-31-1
TEL 042-534-8223
m-326@nifty.com
http://www.ki-to-te.com
*13,33,34,63

松本寛司
〒441-3424 愛知県田原市南神戸町仲89-1
http://matsumotokanji.main.jp

山極博史（うたたね）
〒540-0029 大阪市中央区本町橋5-2
TEL 06-6946-0661
utatane7@dream.com
http://www.utatane-furniture.com
*51,60,78

山下純子（いろはに木工所）
〒110-0001 東京都台東区谷中2-15-13-1F
TEL 03-3828-8617
http://irohani-moko.blogspot.com

山本美文
〒704-8135 岡山市東区東幸西836
TEL 086-946-1627
*27

［撮影協力］
p42～p45
ウーバレ・ゴーデン
〒662-0921 兵庫県西宮市用海町4-36
TEL 0798-32-2567
http://www.ugi.jp

p83
イタリア料理 ラッポルト
〒090-0806 北海道北見市南町1-5-1
TEL 0157-25-5983

# 商 店

刊载了本书中所介绍的木制餐具的贩卖商店和展廊的地址和联络方式。
刊载的商品也有可能缺货，在库情况请向各个店面自行确认。
含有网址检索功能的店面也有很多，试着检索一下店名来进行详细了解吧。
加\*的是各个制作者的姓名　2013年6月的资料
（编者注：为便于读者实地探访，以下内容为原版书信息）

[北海道·東北]

1) Ager（アゲル）
〒060-0003 札幌市北区北3条西1丁目8　開運ビル3階
TEL 011-251-3390
\*堀内亜理子

2) ノーザンライフ
〒060-0062 札幌市中央区南2条西2丁目11-1-2階
TEL 011-223-8228
\*高橋秀寿

3) castanet
〒060-0042 札幌市中央区大通西17丁目1-13
レアリゼ大通西1F
TEL 011-640-5225
\*老泉まゆみ

4) D & DEPARTMENT PROJECT SAPPORO by 3KG
〒060-0042 札幌市中央区大通西17丁目1-7
TEL 011-303-3333
\*高橋秀寿

5) クラフトショップ　ファインクラフト
〒047-0027 北海道小樽市堺町5-39
TEL 0134-23-5618
\*丹野則雄、高橋秀寿、西村延恵

6) HOMES
〒078-8343 北海道旭川市6条8丁目36-20
TEL 0166-26-5878
\*老泉まゆみ、佐藤佳成、西村延恵、堀内亜理子

7) クラフト　ブラウンボックス
〒070-0822 北海道旭川市旭岡1-21-8
TEL 0166-50-3388
\*高橋秀寿

8) オケクラフトセンター森林工芸館
〒099-1100 北海道常呂郡置戸町439-4
TEL 0157-52-3170
\*老泉まゆみ、佐藤佳成、西村延恵

9) THE STABLES
〒036-8355 青森県弘前市元寺町9 三上ビル3F
TEL 0172-33-9225
\*富井貴志、佐藤佳成

10) 木糸土　泉パークタウン店
〒981-3287 仙台市泉区寺岡6-5-1 泉パークタウンタピオ2F
TEL 022-342-7981
\*高橋秀寿

[関東]

11) やいち
〒364-0031 埼玉県北本市中央2-64
TEL 048-593-8188
\*富井貴志

12) acht8 アハト
〒358-0002 埼玉県入間市東町1-2-25 ジョンソンタウン 1108
TEL 04-2946-8412
\*萩原英二

13) 萌季屋
〒272-0021 千葉県市川市八幡2-7-11
TEL 047-336-4030
\*前田充

14) ヒナタノオト
〒103-0007 東京都中央区日本橋浜町2-22-3
日本橋イースト DC 2階
TEL 03-5649-8048
\*川端健夫

15) リビング·モティーフ
〒106-0032 東京都港区六本木5-17-1 AXISビル
TEL 03-3587-2784
\*高橋秀寿

16) 桃居
〒106-0031 東京都港区西麻布2-25-13
TEL 03-3797-4494
\*富山孝一

17) うつわ楓
〒107-0062 東京都港区南青山3-5-5
TEL 03-3402-8110
\*さかいあつし

18) spiral market
〒107-0062 東京都港区南青山5-6-23 スパイラル2F
TEL 03-3498-5792
\*川端健夫

19) MA by So Shi Te（マ・バイ・ソシテ）
〒107-0062 東京都港区南青山2-19-5
TEL 03-3401-0922
*高橋秀寿

20) La Ronde d'Argile
〒162-0828 東京都新宿区袋町26
TEL 03-3260-6812
*富井貴志

21) ANGERS RAVISSANT 新宿店
〒160-0022 東京都新宿区新宿3-30-13 新宿マルイ本館8F
TEL 03-3352-1678
*高橋秀寿

22) Style-Hug Gallery
〒151-0051 東京都渋谷区千駄ヶ谷3-59-8 原宿第2コーポ 208
TEL 03-3401-7527
*富井貴志

23) 宙（SORA）
〒152-0003 東京都目黒区碑文谷5-5-6
TEL 03-3791-4334
*さかいあつし

24) KOHORO
〒158-0094 東京都世田谷区玉川3-12-11
TEL 03-5717-9401
*川端健夫、富井貴志

25) IN MY BASKET
〒158-0005 東京都世田谷区玉川田園調布2-7-18 セトル田園調布1F
TEL 03-3722-9660
*富井貴志

26) 魯山
〒167-0042 東京都杉並区西荻北3-45-8
TEL 03-3399-5036
*富山孝一

27) zakka土の記憶
〒166-0004 東京都杉並区阿佐谷南1-34-7
TEL 03-3311-6200
*萩原英二、山本美文

28) MODESTE
〒192-0063 東京都八王子市元横山町3-5-4-101
TEL 042-686-0758
*沖原紗耶

29) OUTBOUND
〒180-0004 東京都武蔵野市吉祥寺本町2-7-4-101
TEL 0422-27-7720
*富井貴志

30) dogdeco HOME
〒184-0012 東京都小金井市中町4-17-14
TEL 042-383-3580
*川端健夫

31) musubi
〒186-0003 東京都国立市富士見台1-8-37
TEL 042-575-0084
*川端健夫

32) H.works
〒190-0022 東京都立川市錦町1-5-6 サンパークビル202
TEL 042-521-2721
*萩原英二

33) 珈琲工房HORIGUCHI　狛江店
〒201-0003 東京都狛江市和泉本町1-1-30
TEL 03-5438-2141
*前田充

34) 横浜元町珈琲
〒231-0846 横浜市中区大和町2-48
TEL 045-263-8684
*前田充

35) 12月（じゅうにつき）
〒225-0225 横浜市青葉区鉄町1265
TEL 045-507-4404
*富山孝一

36) Curi-Cre（クリ・クリ）
〒224-0021 横浜市都筑区北山田5-1-59 メゾンエクレールB号
TEL 045-590-4646
*丹野則雄

37) B-CREST たまプラーザ店
〒216-0011 川崎市宮前区犬蔵2-6-20 サンウイングたまプラーザ1F
TEL 044-978-1010
*高橋秀寿

38) そらにわ
〒248-0014 神奈川県鎌倉市由比ガ浜2-5-16
TEL 0467-25-3993
*難波行秀

[ 中部 ]

39) minka
〒950-2003 新潟市西区東青山1-5-1
TEL 025-231-3960
*高橋秀寿

40) 家具・インテリア アメニティーショップ・アイ
〒381-2205 長野市青木島町大塚1390-1
TEL 026-284-4455
*高橋秀寿

41) nagi◎
〒399-8301 長野県安曇野市穂高有明7858-4
TEL 0263-83-4510
*富山孝一

42) sahan
〒464-0032 名古屋市千種区猫洞通3-21 KRAビル 1F
TEL 052-783-8200
*川端健夫

43) DO LIVING ISSEIDO ラシック店
〒460-0008 名古屋市中区栄3-6-1 ラシック6階
TEL 052-259-6560
*高橋秀寿

44) gallery yamahon
〒518-1325 三重県伊賀市丸柱1650
TEL 0595-44-1911
*富井貴志

[ 近畿 ]

45) gallery・mamma mia(ギャラリー マンマ・ミーア)
〒520-3305 滋賀県甲賀市甲南町野川835
TEL 0748-86-1552
*川端健夫

46) くるみの木　雑貨カージュ
〒630-8113 奈良市法蓮町567-1
TEL 0742-20-1480
*萩原英二

47) 陶屋　なづな
〒635-0831 奈良県北葛城郡広陵町馬見北9-2-6
TEL 0745-55-9117
*川端健夫

48) 手しごとの器・道具 テノナル工藝百職
〒606-8397 京都市左京区聖護院川原町11-18
TEL 075-200-2731
*沖原紗耶

49) kit
〒602-0877 京都市上京区河原町通丸太町上る桝屋町367
TEL 075-231-1055
*富井貴志

50) Utsuwa kyoto yamahon
〒600-8191 京都市下京区堺町21
TEL 075-741-8114
*富井貴志

51) うたたね
〒540-0029 大阪市中央区本町橋5-2
TEL 06-6946-0661
*山極博史

52) SHELF
〒540-0026 大阪市中央区内本町2-1-2 梅本ビル3F
TEL 06-6355-4783
*富井貴志

53) URBAN RESEARCH DOORS 南船場店
〒541-0059 大阪市中央区博労町4-4-6
TEL 06-6120-3270
*川端健夫

54) 木糸土　あべのキューズモール店
〒545-0052 大阪市阿倍野区阿倍野筋1-6-1
あべのキューズモールB1F
TEL 06-6641-3033
*高橋秀寿

55) Oogi
〒590-0963 大阪府堺市堺区少林寺町東1-1-27
TEL 072-221-4004
*川端健夫

56) monostyle
〒594-0041 大阪府和泉市いぶき野3-9-4
TEL 0725-24-2037
*難波行秀

57) QupuQupu
〒574-0044 大阪府大東市諸福1-8-2
TEL 072-806-2878
*川端健夫、富井貴志、萩原英二

58) n107
〒583-0871 大阪府羽曳野市野々上2-13-7
ヴィラージュレセナ101号
TEL 072-934-1210
*萩原英二

59) TIMELESS
〒662-0076 兵庫県西宮市松生町5-9 夙川アネックスⅡ
TEL 0798-71-3717
*難波行秀

60) ウーバレ・ゴーデン
〒662-0921 兵庫県西宮市用海町4-36
TEL 0798-32-2567
*山極博史（うたたね）

61) Jクオリア
〒659-0067 兵庫県芦屋市茶屋之町10-7
TEL 0797-32-1010
*難波行秀

62) plug
〒669-2342 兵庫県篠山市西町32-5
TEL 079-552-2555
*難波行秀

63) Zakka.R.
〒670-0012 兵庫県姫路市本町68
TEL 079-280-8868
*前田充

［中国・四国・九州］
64) ゆくり
〒701-0164 岡山市北区撫川173-1
TEL 086-292-5882
*川端健夫

65) くらしのギャラリー本店
〒700-0977 岡山市北区問屋町11-104
TEL 086-250-0947
*富井貴志

66) 伊勢屋
〒710-0054 岡山県倉敷市本町4-5
TEL 086-426-1383
*丹野則雄

67) クレイ
〒683-0805 鳥取県米子市西福原4-8-50
TEL 0859-22-3034
*川端健夫

68) とうもん
〒761-0101 高松市春日町682-3
TEL 087-843-0474
*富井貴志

69) NEUTRAL STORE
〒760-0062 高松市塩上町1-5-12-1F
TEL 087-862-3503
*川端健夫

70) fleur
〒799-2651 松山市堀江町甲1894-3
TEL 089-978-6669
*川端健夫

71) 四季庵
〒782-0031 高知県香美市土佐山田町東本町5-1-13
TEL 0887-52-2220
*萩原英二

72) LT／ロットアンドトゥレス
〒810-0001 福岡市中央区天神2-10-3 VIORO6F
TEL 092-736-7007
*高橋秀寿

73) デザインギャラリー卑弥呼
〒802-0006 福岡県北九州市小倉北区魚町2-2-7
TEL 093-533-2825
*川端健夫

74) 楽風
〒880-0053 宮崎市神宮2-2-92 くすの木ビル1F
TEL 0985-20-1066
*萩原英二

75) marble-marble
〒895-1813 鹿児島県薩摩郡さつま町轟町27-6
TEL 0996-26-0526
*川端健夫

［ネットショップ］
76) STROLL
http://www.stroll-store.com/
*川端健夫

77) on la CRU
http://www.rakuten.co.jp/on-la-cru/
*難波行秀

78) nokiro-art-net
http://www.nokiro-art-net.com/
*山極博史（うたたね）

# 可以买到原料木材的商店

（首页中心和东急手等除外）

向大家介绍的是即使是买的量少或者只是作为一个业余爱好者也可以买入木材原料的店（木材公司也包括在内）。
也可以买到适合制作餐具或者容器的阔叶木的边角料。也有买卖这些木材和边角料的网店，具体信息请查看各个网店的网页。
就是在旁边贩卖木工艺品的老板，也会出售小号的木板，甚至有可能送给你一些边角料。
2013年6月的资料
（编者注：为便于读者寻找，以下为原版书内容信息）

木心庵（きしんあん）
〒062-0905 札幌市豊平区豊平5条6丁目1-10
TEL 011-822-8211
http://www.kishinan.co.jp

ウッドショップ木蔵
〒080-0111 北海道河東郡音更町木野大通東8-6
TEL 0155-31-6247
http://kikura.jp

鈴木木材
〒043-1113 北海道桧山郡厚沢部町新町127
TEL 0139-64-3339
http://suzuki-mokuzai.com

きこりの店　ウッドクラフトセンターおぐら
〒967-0312 福島県南会津郡南会津町熨斗戸544-1
TEL 0241-78-5039
http://www.lc-ogura.co.jp

ウッドショップ関口
〒370-2601 群馬県甘楽郡下仁田町下仁田476-1
TEL 0274-82-2310
http://www.wood-shop.co.jp

「木の店」Woody Plaza（ウッディプラザ）
〒351-0114 埼玉県和光市本町22-1
TEL 048-458-5113
http://www.woodyplaza.com

もくもく
〒136-0082 東京都江東区新木場1-4-7
TEL 03-3522-0069
http://www.mokumoku.co.jp

泰平木材
〒136-0082 東京都江東区新木場3-4-11
TEL 03-3522-1131

何月屋銘木店
〒195-0064 東京都町田市小野路町1144
TEL 0427-34-6155
http://www.nangatuya.co.jp

ウッドショップ　シンマ
〒427-0041 静岡県島田市中河町250-3
TEL 0547-37-3285
http://www.woodshop-shinma.com

岡崎製材　リビングスタイルハウズ
〒444-0842 愛知県岡崎市戸崎元町4-1
TEL 0564-51-7700
http://www.okazaki-seizai.co.jp/hows/

上杉木材店
〒500-8864 岐阜市真砂町6-12
TEL 058-262-2359
http://www.uesugimokuzai.jp

山宗銘木店
〒522-0081 滋賀県彦根市京町3-8-15
TEL 0749-22-0714
http://www.yamaso-wood.co.jp

丸萬
〒612-8486 京都市伏見区羽束師古川町306
TEL 075-921-4356
http://maruman-kyoto.com

中田木材工業
〒559-0025 大阪市住之江区平林南1-4-2
TEL 06-6685-5315
http://www.i-nakata.co.jp

大宝木材　アルブル木工教室
〒559-0026 大阪市住之江区平林北2-4-18
TEL 06-6685-3114
http://www.e-arbre.com

りある・うっど（OGO-WOOD）
〒599-8234 大阪府堺市中区土塔町2225
TEL 072-277-7879
http://www.ogo-wood.co.jp

府中家具工業協同組合
〒726-0012 広島県府中市中須町1648
TEL 0847-45-5029
http://wood.shop-pro.jp

ホルツマーケット
〒830-0211 福岡県久留米市城島町楢津1113-7
TEL 0942-62-3355
http://www.holzmarkt.co.jp

**木制餐具的修整和维护方法**

# 认真洗刷，好好擦干

这里分点记述了木制餐具的日常保养方法和应对餐具光泽度下降的方法。
其他方面，用常规方法保养即可。

# 1
## 延长餐具使用寿命的方法

1）木制餐具在热与湿的环境里容易发生断裂和变形。所以应该避免将其置于直射的阳光下，不要将其放在火炉旁。当然，也不要将其浸在凉水或者热水中不管不问。

2）使用后请用温水冲洗干净。虽然使用洗涤剂洗得比较干净（因为海绵质地柔软，所以要配合海绵清洗），但是考虑到餐具上面涂有油或者漆，所以为了避免洗掉已经渗入到餐具里面的油分，洗涤剂不要用得过多。也不要用去污粉（刷牙粉）或钢丝球等进行深度而又细致的清洁。

3）清洗完毕后，用质地柔软的布或者毛巾轻轻地擦去餐具上的水分，晾干即可。

4）注意不要使用微波炉或洗碗干燥机烘干。

# 2
## 修整和简单的修理方法

**在经过涂油制作完成的餐具失去光泽的情况下**
1）用布或者餐巾纸沾上油，涂抹在餐具的表面。可使用亚麻油、胡桃油、菜籽油、橄榄油里的任何一种油。

2）完成涂油步骤之后，用布轻轻地擦去多余的油脂，将其放在通风良好的地方进行阴干。

3）当餐具表面有凸起的木刺时，可以先用比较细致的砂纸（320#或者400#）打磨餐具。打磨好之后，用布认真擦去木屑之后再进行涂油。

**经擦漆制作而成的餐具表面出现损耗的情况下**
去找制作者或者店面商议，为您的木制餐具重新擦漆的可能性比较大。

# 相关用语解说

解说在本书中所出现的与木制品制作有关系的一切用语。

## 【 R形 】

指的是圆弧或者是曲线。经常说要"制作出R的形态",指的就是这个。

## 【 木胎 】

指的是在木制品制作时,只剩下涂油就算完成时的白木状态。顺便说一下,一般来说,在漆器的产地,旋碗工匠在用旋台制作好碗的木胎之后,涂师都会给它涂上漆。

## 【 下料 】

从原木或者大型木料上截取所需的各种形状和大小的小型木材。

## 【 挖孔 】

指用凿子在木材上进行雕刻和切削制作而成的容器或者盆之类的东西。所谓"挖",指的就是用刀之类的器具在木材上进行旋剜取孔。

## 【 横断面 】

指沿圆木的中心对称轴所切削出的与其成直角的截面(与木材的纹路成直角)。

## 【 戗碴儿 】

指的是我们在与木材纹理的相反方向顺着眼睛前方用刨子等工具进行加工时,出现的切削很难困难的地方。

## 【 边角料 】

指的是在制材和进行木工作业时出现的被弃用的尺寸和形状各异的木材。

## 【 木器家具 】

指的是人们用木板等组合制作而成的诸如箱子之类的木制品。在对不同的木材进行拼接时,会运用多种多样的接合技法。基本上不使用钉子。第100页的黄油盒用的是"二枚对接技术",第116页的甜点食案用的是"扣接"技术的一种。

## 【 榫 】

指的是为了加强接合部和防止器具断裂而嵌入的木片。使用中间比两端细,像蝴蝶那样形状的木片比较多。

## 【 饭糊 】

把米饭捣扁捣碎制作而成的强力糨糊。很早以前就被木器家具制作者所使用。好像有"经过仔细考虑之后,决定用饭糊黏合就很好"这样的专业术语。第100页的黄油盒的制作就是用饭糊黏合的。

## 【 镶嵌 】

指的是在木材或者是金属材料表面刻出空隙,在空隙里嵌入不同的材料的制作方法。如果是木器具的话,可以嵌入颜色不同的多种木材。第138页的丹野则雄所制作的筷子里就使用了镶嵌技术。

## 【 榫接 】

指的是把两个部分用榫接为一体的接合方法,也指两部分的结合处。把两块木材呈直角或倾斜状态接合在一起的时候经常使用榫接技术。

## 【 夏克式家具 】

指的是由震颤派教徒所制作的重视简单实用性的家具。日本的木工多受其"讲究让人感受到自己制作器具的真挚情感以及强调质朴"的"实用性之美"的设计理念的影响。震颤派既属于新教派的一支宗派,又属于贵格会派内的一派。在18世纪后半期发端于美国的东海岸,19世纪半叶迎来了它的繁盛时期。在自给自足的同时追求质朴的生活,现在此教团正在衰亡。

## 【 旋台 】

指通过自身旋转帮助人们工作的器具的总称。狭义上讲,就是在轴的一端固定好木材,在旋转轴的同时,把刀具放在木材上,借力进行切削,例如在制作木碗的木胎时所使用的就是这种工具。第38页的佐藤佳成的木匙的制作就使用了这种器具。

## 【 削棱角 】

指的是将构件材料上的棱角用砂纸打磨,使之平滑的步骤。

## 【 直木纹 】

指的是年轮并排平行的木纹,在圆木中心向外呈放射状显现。另一方面,当木板的纹理呈山形或者是不规则的波浪形时,这种纹理被称为弦面纹理。直木纹的下料木材比弦面纹理的下料木材平整、规则。

## 【 擦漆 】

用毛刷或者布头蘸上生漆均匀地刷在木胎上,擦去多余的漆,进行干燥处理。擦漆指的就是不断地重复以上的基本操作制作器物的方法。

# 相关工具解说

主要介绍了在"试着做做吧"的章节中所使用的各种与木制品制作有关系的工具。

## 【玄能锤】

锤子的一种。用于敲打凿子、钉钉子等作业。铁制的头部有两面,其中一面用于锤打。

## 【画线规】

可以画平行线的带有薄刀片的工具。

## 【切削台】

切削木材时使用的工具。制作者坐在切削台的上面用脚踩住踏板后,利用杠杆原理就可以牢固地固定住木材了。然后用铁片刀等工具进行切削。英国人一直使用至今。它对于绿色木工制作而言是必不可少的工具。

## 【夹钳】

固定木材时常使用的工具。如果想要切断多余的木材,就必须用它来固定,使木材不乱晃。夹钳有C号、F号等多种型号,根据大小和形状也区分为很多种类,在杂货店里花几十块钱人民币就可以买到。在日本的百元店里也常出售夹钳。

## 【钢丝锯】

将称为"弓形"的金属框架里嵌入细而薄的锯条制作而成。适合用来切割曲线和开口作业。锯条易折,使用时要倍加注意。

## 【雕刻刀】

指的是雕刻用的小刀。非常适合用来雕刻勺子和小碟子的凹陷之处。有圆刀、平刀、三角刀等多种类型。

## 【铁片刀】

两边有握柄的刀具,进行木工制作时切拉使用,制作木桶时可代替刨子。在使用切削台进行木材的切削时,配合使用铁片刀,操作起来更方便。

## 【直角尺】

多用金属制成,用于确认材料的直角和表面是否凹凸。

## 【砂纸】

砂纸。纸上或者布上带有细砂或者石粉之类的东西。砂纸的粗细单位为"支"。数字的后面带有符号"#"。数字越小表示砂纸越粗糙。例如400#的砂纸一般用于木胎的最终打磨。

## 【小刀】

说起小刀,给人的印象一般是刀刃比较宽而且倾斜的"斜刃小刀"。适合用来削除棱角和削制圆弧形。是制作勺子和筷子必不可少的工具。因为是经常使用的东西,所以要十分注意。绝对不要把手放在刀刃的行进方向。在杂货店里,你可以买到"手工刀"或者"餐刀"。

## 【凿子】

敲打它的头部,进行材料的切削或者开孔的作业。根据大小和形状可以分为很多种类,大号的被分为以下两类:一类是被铁锤敲打的"敲打凿子";另一类是头上带有凸起、可以用来在木材上削刮和挖孔的"刺凿"。

## 【锯子】

1.两刃锯
两侧都带有刀刃。一侧用来竖截(与木纹方向一致),另一侧用来横截(用锯将木材与木纹方向呈直角锯开)。
2.侧锯
带有薄而呈牙形的一面刀刃锯子。用来横截,进行细小的作业。

## 【南京刨】

双手控制使用的小型刨子,反面台刨的一种,刨子的底部带有圆弧度。一般被用来削制材料侧面的曲线。

## 【扣尺】

"扣接"指的是木工制作的一种接合方法,即将直角平均各分为45°后合为一体的技术。因为扣尺可以测出45°等角度,故而得名。

# 木材一览表

## 木材的软硬度和入手难度看一眼就明了

（主要介绍本书中出现的木材）

将本书中出现的木材进行特征的对比，整理成表。

对各个部分的评价并不是绝对的，在很大程度上带有主观性。请酌情参考。

【看表的方法】

### 1. 木材名

虽然还可以将木材种类分得更加细致，但是这里只取其总称来表示。

★：相对而言削起来比较简单，对于初学者而言，制作木制餐具时可以选择的木材。

（广）：阔叶树；（针）：针叶树。

| 1 木材名 | 2 硬度 | 3 加工的难易度 | 4 入手的难易度 | 5 可以制作的餐具和容器 | 6 特征、餐具以外的用途、木匠的建议（引号内）等 |
|---|---|---|---|---|---|
| ★ 贝壳杉（针） | C | ◎ | ◎ | 黄油刀、黄油盒、汤匙、酱抹 | 可以在杂货店买到，加工方便不费事。褐色系。用于玄关门和抽屉侧板的制作。产地为东南亚 |
| 铁木（广） | A～B | △～○ | △ | 筷子 | 虽然是质地绝佳的木材，但是基本上不在市场上出现，所以很难入手。虽然质地坚硬不易削刮，但是成型后表面形成的光泽很漂亮 |
| 五角枫（广） | A～B | △～○ | ○ | 筷子、勺子、盆 | 质地坚硬，被用来制作楔子，以前也用于滑雪板的制作。带有美丽的木纹，十分贵重。"适合涂油制作。用机械作业或者刺凿处理比较方便，用雕刻刀和手锯的话，加工起来比较辛苦" |
| 银杏（针） | B | ◎ | △ | 案板、碟子 | "削起来很方便"，加工方便又有光泽。防水性强，又不太硬，所以也被用来制作切片的中餐的砧板 |
| ★ 山胡桃树（广） | B | ◎ | ◎～○ | 勺子、餐叉、黄油刀、黄油盒 | 属于北美胡桃木的一种。颜色为巧克力褐色和黑色的融合色。韧性强而且加工方便，可以用来制作所有的木制餐具。"纹理平整，处理方便。比日本的胡桃木较硬，又比栎木质地软。可以说，它软硬适中" |
| 鱼鳞银杉（针） | C～D | ◎～○～△ | ◎ | 黄油盒、碟子 | 在很多杂货店里都可以买到。"属于整体都比较软的木材，但根据年轮的区别，加工处理也不尽相同。用凿子和刨子处理比较困难。切口面有一种被粘着的感觉。用锯子处理比较好" |
| ★ 槐树（广） | B | ○ | ○ | 勺子、酱抹、容器 | 在植物学里归为刺槐树一类。心材（树干中心部的木材）呈褐色系。属于民间艺术品（熊或者猫头鹰的木雕）的制作原料。"有光泽又有黏性，雕刻时有一种扯黏丝的感觉。雕刻简单" |
| 栎树（广） | A | △ | △ | 旋碗、碟子 | 在日本产木材中硬度排行第一，切削加工困难。所以一直以来都被用来制作凿子或者刨子等工具的柄和底座以及船的桨和橹，或人力车的车轮 |
| ★ 连香树（广） | C | ◎ | ◎～○ | 盆、碟子、勺子、黄油刀 | 质地柔软，雕刻和切削简单。利用这个特征，用来制作镰仓雕的原料。也被用来制作佛像和抽屉侧板。"经常用凿子加工它，切削时木材气味也很好闻。木纹也很规整，易于处理" |
| 桦树（广） | A～B | ○ | ○ | 勺子、黄油刀、酱抹 | 马桦树和杂桦树的总称。马桦树又重又硬，纹理很漂亮。作为家具木材和内部装饰木材价格昂贵。"有韧性，有硬度。轻柔光滑易于加工。拥有晃眼的光泽，适合擦油加工。"注意，白桦木要与之区别使用。 |
| 花梨树（广） | A | △ | △ | 筷子、筷子架 | 又重又硬，褐色系。产于东南亚。经常用于家具里榫的制作。"黏性小，弯曲少。有一种金属感，有明显的锋线凸出。用机器直接切直线还可以，雕起来很难" |
| 栗树（广） | A | △～○ | ○ | 筷子、筷子盒、盆、旋碗、汤勺、饭勺 | 防水性强，又重又硬。一直被用来制作木基础梁和铁路上的枕木。"加工制作时不是很硬，可以较为轻松地切削。想继续深加工的话，用凿子就可以。沿着它的纤维用斧子可轻易加工。很喜欢它显眼的木纹" |
| ★ 胡桃树（广） | B～C | ◎ | ○ | 勺子、餐叉、黄油盒、酱抹、容器、筷子 | 作为木材使用的胡桃木，一般指的是生物学中所讲的胡桃楸。"比山胡桃木稍软，有一定的硬度，令人可以心情舒畅地对其加工。用刨子、雕刻刀加工都可以。"在本书中经常被提到 |
| 黑檀树（广） | A+ | △ | △ | 筷子、筷子架 | 非常硬。黑色系。经打磨后显现光泽。被用来制作佛坛、钢琴键和热带硬木手工艺品。价格昂贵。产于东南亚中部。"适于用机器（木板加工机之类的工具）加工，用凿子等工具加工很费劲" |
| ★ 椴树（广） | C | ◎ | ○ | 勺子、酱抹、碟子、容器 | 又轻又软，加工简单。以前用来制作火柴棒和冰棍的长柄。"其质地柔软易于切削。因为木纹不明显，所以人们就会直接看作品的样式和形态" |

## 2. 硬度

在进行木材硬度和强度的数值整理时，也加入了木作名匠们的意见。
A：硬  B：硬~中  C：中~软  D：软

## 3. 加工的难易度

说到加工，有刨子加工、凿子加工、锯子加工等多种形式。当然，也有适用用机器加工但不适合用手工工具加工的木材。将以上会有的所有情况进行评估。
◎：加工简单

○：普通。马马虎虎
△：加工困难，费劲

## 4. 入手的难易度

说明作为普通人能否容易地得到这种木材。
◎：大体上在所有的杂货店里都可以买到
○：一般不在杂货店里出售。但是，去刺楸店或者木材店里可能会买到边角料
△：基本不在市面上流通，极难入手

## 5. 可以制作的餐具和容器

在介绍木作名匠们利用这些木材制作的各种器具种类之外，还根据木材本身的特质，介绍了很多各种木材能够制作的器具种类。

## 6. 特征、餐具以外的用途、木制品制作家的建议（引号内）等

还介绍了木作名匠们在制作器具时对各种木材的感受。

| 木材名 | 硬度 | 加工的难易度 | 入手的难易度 | 可以制作的餐具和容器 | 特征、餐具以外的用途、木作名匠的建议（引号内）等 |
|---|---|---|---|---|---|
| 杉木（针） | C~D | ◎ | ◎ | 便当盒、筷子 | 容易入手的流行木材。杉木的便当盒会吸收一些水分，干燥之后还会释放出水分。非常适合保存食物 |
| 刺楸木（广） | C | ◎ | ○ | 勺子、黄油刀、酱抹、盆、容器、筷子盒 | 在生物学上经常被称为刺楸树。既不硬又有韧性。比榆木稍软。"形状规整，易于加工。涂不涂色都很漂亮，请按自己的喜好处理。使用方便的木材种类" |
| 桦木（广） | B | ○ | ○ | 勺子、黄油刀、酱抹、盆 | 用于木材的桦木，一般在生物学上指的是水曲柳。硬度适中又有一定的黏度。适合用于制作家具和室内装饰。经常被用来制作棒球球棒 |
| 樱桃木（广） | B | ○ | ○ | 勺子、黄油刀、酱抹 | 与北美产的樱木同属一类。硬度处于桦木和胡桃木的中间，加工较为简单，材质不同，可能会有黑筋出现，这些部分进行作业相对困难。带有红色，很受女性欢迎。据家具店主反映，"如果是夫妇两人一起来购买桌子板面时，夫人们一般都会选择这种樱桃木材质" |
| 黄杨木（广） | A | △ | △ | 餐叉 | 较硬，木纹致密。表面呈黄色，色泽漂亮。被用来制作梳子和棋子。"手感沙沙的，因为可以被用来制作梳子，所以制作成餐叉会更好吧" |
| 栎木（广） | A~B | ○ | ○ | 勺子、黄油刀、酱抹、筷子 | 经常被用来制作家具等，人气很高的阔叶树的代表。被用来制作威士忌酒桶，在欧美被用来制作棺材。稍微硬于桦木，可以用刀子来切削。也可以进行涂料 |
| 榆木（广） | B~C | ○ | △~○ | 勺子、酱抹、砧板 | 在活立木的范围内，英文名为elm。它是硬度、加工性和涂装性处于桦木和刺楸木之间的木材。"可以用任何工具来加工" |
| 松木（针） | C~D | ◎ | ◎ | 勺子、酱抹 | 海外进口的松木的总称。可以从杂货店里买到。适用于轻松的DIY制作。产地不同硬度也不尽相同。当制作成餐具进行薄处理时，易折，要注意 |
| ★日本扁柏木（针） | B | ◎ | ◎ | 勺子、黄油刀、酱抹、筷子 | 国产针叶树的代表木材。可以在杂货店里买到。削刮简单，适合用来教授制作勺子的初期材料。防水性强 |
| 山毛榉木（广） | B | ○~◎ | ○ | 勺子、黄油刀、酱抹、筷子 | 硬度适中有弹性。适合用来制作可以承受孩子粗暴对待的玩具和曲木家具。"特征是木纹有斑点，加工简单。感觉欧美产的山毛榉略硬于日本所产的" |
| ★日本厚朴木（广） | C | ◎ | ◎~○ | 勺子、黄油刀、酱抹 | 又轻又软且规整，进行细雕也很简单。耐刀切，适合用来制作砧板。刀鞘是用其制作的传统商品，"厚朴木对刀刃很温柔"。在所有的杂货店里都可以买到。是制作木制餐具的初学者专门木材 |
| 枫木（广） | B | △~○ | ○ | 勺子、黄油刀、酱抹 | 说到枫木，指的一般都是北美所产的硬枫木。作为家具木材，在年轻人里很受欢迎。"感觉上比马桦木稍硬。黏度适中。虽然硬，但是用机器加工不难。用手、用工具处理很费劲。适合涂油制作" |
| 厚皮香木（广） | B | △ | △ | 勺子、餐叉 | 坚韧有黏度。耐用，寿命长。基本不在市面上流通。其红色随着年岁的增长而加深 |
| ★山樱木（广） | B | ◎~○ | ○ | 勺子、餐叉、黄油刀、酱抹、筷子 | 有黏度，但是很规整。加工简单，削痕不易削除，最适合用来制成木板。"虽然硬但是切削容易。切削时发出沙沙的声响。输气管均匀，感觉不易沾染食物残渣"。是适合制作木制餐具的木材 |

# 后记

　　说到木制餐具的魅力，你会想到什么呢？为此，我询问了很多在日常生活中觉得使用木制餐具是一件平常事的人。

　　"放入口中的感觉很好"，"碰到舌头时的感觉很好"，"放在桌子上会让桌子丰富起来"，"吃饭会变得有趣"，"即使生活在公寓里也能体会到自然的乐趣"，"像是婴儿拿着使用的奶嘴玩具似的使用着，很好玩"，"使用金属制的比较冰冷，还会有声音，木制的比较和谐"……

　　我好像从自己的感触和体悟中，自然地理解了"木里面有温暖"这句用来形容木的印象的常用句。

　　即使是这样，就算拿起一柄小小的勺子，也在采访的时候深刻地意识到了这其中的深意。无论是对于制作者还是对于使用者，这种想法好像都是一样的。

　　人们的手和嘴的大小都不一样。有用右手的人，也有左撇子。在吃意大利面时，有用餐叉横着卷面的人，也有斜着卷面的人。在日常生活中，对于一个人来说使用很方便、很适合的餐具，另一个人会觉得很不顺手，这样的事情数不胜数。

　　在这几个月当中，我试用了很多种类的餐具，每天不断地更换不同的勺子吃咖喱，喝汤，喝酸奶，吃冰激凌。于是，在这一来二去的过程中，手中所使用的勺子在不知不觉中变为了固定的一个。自然地找到了适合自己使用的餐具……

　　适合自己使用的餐具不一定是专业的木匠所制作的。有人花时间自己制作并一直使用至今，也有人只花了 100 日元（约合 5 元人民币）就意外地在商店里买到了适合自己使用的餐具。当然，也有人买了看上去很漂亮而且很中意的餐具，但是在家里实际使用之后发现并不是那么回事儿。确实，选择购买一柄适合自己的勺子，真的很难。

一不小心，我就染上了聚精会神地查看和确认勺子和餐叉的形状和构造的癖好，认真地试着去比较金属勺子和木勺子握柄部分的线条及其到舀东西的部分（到现在我也不知道这个部分到底叫什么）的连接处的形状……我也有了"舀东西的部分不用太深，太深了就真的变成盛汤的大勺子了"这样的发现。

　　制作木勺子相对于金属勺子来说难点在于，由于强度的关系制作出木制勺子的薄度相对而言比较难。这个步骤对于木匠来说，也是相当费事的。到底应该如何处理餐具的入口之感、强度的分配、木材的厚度和造型的美感呢？考虑到木材本身的特性，也有人提出没有必要将其制作成和金属餐具一样。但是，为了表现木材的魅力，故意留有刀痕所制成的勺子也很引人关注。另一方面，也有追求餐具薄度的人。总之，有各种各样的类型。我觉得，使用者最好根据情况，选择出自己喜欢的餐具使用。

　　在取材的过程中留给我印象最深的就是制作者们都很重视使用者的心情。即使是在进行采访，我们也经常能够从制作者的嘴里听到诸如"客人使用时方便不方便"和"客人会怎样使用"这样的语句。当然，这也合情合理。制作者制作完成后自己试用，请求家人和朋友们试用，听取他们辛辣而又中肯的建议，还要听取客人的制作要求，真的很了不起。诚然，正是因为有人要使用，因为是在日常生活中使用的东西，所以要负责任地用心去做。保持这样的态度很重要。

　　最后，请允许我借此机会，对在百忙之中协助我们进行取材的各位木作名匠们再次表示深厚的谢意。衷心感谢设计师望月昭秀先生、各位摄影师以及为我们提供各种信息的人们。

西川荣明

著作权合同登记号：豫著许可备字-2014-A-00000064

**图书在版编目（CIP）数据**

日之器：纯手工木餐具 / （日）西川荣明著；邢强译.
—郑州：中原农民出版社，2016.1（2017.1重印）
ISBN 978-7-5542-1332-2

Ⅰ.①日… Ⅱ.①西… ②邢… Ⅲ.①木制品—餐具—制作
Ⅳ.①TS972.23

中国版本图书馆CIP数据核字（2015）第269217号

**出版**：中原出版传媒集团　中原农民出版社

**地址**：郑州市经五路66号

**邮编**：450002

**电话**：0371-65751257

**印刷**：河南安泰彩印有限公司

**成品尺寸**：182mm×210mm

**印张**：10

**字数**：192千字

**版次**：2016年6月第1版

**印次**：2017年1月第2次印刷

**定价**：48.00元